CĂLĂTOR
OM

Alexandru N. Stermin este biolog şi explorator. Predă la Facultatea de Biologie şi Geologie a Universităţii Babeş-Bolyai cursuri de anatomia comparată a vertebratelor, etologie, bioetică şi ecologie umană. Este licenţiat în biologie şi teologie, a absolvit un masterat în filozofie şi un program de formare în psihoterapie pozitivă. A participat la expediţii în jungla Americii de Sud şi în Siberia, a fost bursier la Universitatea din Greifswald şi la Universitatea de Stat din Rio de Janeiro. Se implică activ în popularizarea ştiinţei şi conservarea naturii. În 2015 a contribuit la seria *Fauna României (Păsări)* publicată de Academia Română. În 2017 şi-a lansat prima carte, *Jurnalul unui ornitolog*. Scrie articole în revistele *Sinteza* şi *National Geographic*. În 2021 a primit Premiul de Excelenţă din partea Universităţii Babeş-Bolyai, pentru implicarea culturală şi deschiderea spre comunitate.

ALEXANDRU N. STERMIN

CĂLĂTORIE ÎN JURUL OMULUI

HUMANITAS
BUCUREȘTI

Redactor: Andreea Niță
Coperta: Ioana Nedelcu
Tehnoredactor: Manuela Măxineanu
DTP: Dragoș Dumitrescu, Veronica Dinu

Tipărit la Masterprint Super Offset

Descrierea CIP a Bibliotecii Naționale a României
Stermin, Alexandru Nicolae
Călătorie în jurul omului / Alexandru N. Stermin. –
București: Humanitas, 2021
ISBN 978-973-50-7238-4
57

EDITURA HUMANITAS
Piața Presei Libere 1, 013701 București, România
tel. 021/408.83.50, fax 021/408.83.51
www.humanitas.ro

Comenzi online: www.libhumanitas.ro
Comenzi prin e-mail: vanzari@libhumanitas.ro
Comenzi telefonice: 0723.684.194

Ruxandrei Hurezean;
fără subtilitatea inefabilă a gesturilor sale,
această carte n-ar fi existat.

Cuprins

Un gând la-nceput de poveste

De ani buni visez la călătoria asta, așa cum, de ani buni, mă temeam că o să vină vremea să sărbătoresc cei 30 de ani împliniți. Îmi aduc aminte de o discuție cu un călugăr de la mănăstirea Nicula, acum vreo cinci ani, pe când eram la școala de popi și îmi făceam practica acolo.

Îi spuneam cum toată povestea cu sufletul, raiul, iadul și nemurirea mi se pare imposibilă și că, peste ani și ani, sigur o să demonstreze cineva, un Galileo Galilei al viitorului, că nu există suflet. Prevedeam cum primele generații, dezamăgite și teribil de înfricoșate, îi vor nega descoperirile. Încet-încet însă, lumea o să găsească un mod de a trăi și fără promisiunea eternității cerești. Vor accepta și înțelege argumentele inexistenței sufletului și vor găsi o cale prin care să se bucure și să trăiască aici și acum, fără să mai aștepte „viața de după".

Mă asculta cu un zâmbet sincer pe chip, iar din atitudinea lui nu puteam să-mi dau seama dacă simțea că nu vreau să-l influențez cu credințele mele, ci vreau doar să-i povestesc, așa, de dragul dialogului, ori dacă undeva, în adâncul ființei lui, îmi împărtășea gândurile. După ce am terminat de bătut apa-n piuă pe tema morții nemuririi, m-a întrebat:

— Bine, să zicem totuși că ai un suflet nemuritor și că nu vrei să ajungi nici în iad, nici în rai. Ce ți-ar plăcea atunci să faci o eternitate?

Am stat un pic pe gânduri și mi-a venit în cap o singură variantă:

— Mi-ar plăcea să zbor pe deasupra Amazonului, mereu, de la un capăt la altul, fără oprire, la nesfârșit!

Îmi amintesc perfect cum, pe măsură ce-i povesteam despre zborul meu pe deasupra junglei, de-a lungul apelor, mi se derulau în cap imagini ce parcă erau amintiri, așa de real construite și cursive, încât îmi dădeau impresia că demult, cândva, am fost acolo. Și așa este, am fost – nu numai eu, ci și voi; o să vă aduc argumentele în paginile ce urmează. De atunci, mi-am tot reamintit acest dialog. Așa că m-am gândit ca, la 30 de ani, să înfrunt cea mai mare angoasă de până atunci – împlinirea acelei vârste, trecerea acelui prag – cu cea mai mare dorință a mea: să zbor peste Amazon și, de acolo, în jurul lumii.

Pe 12 august 2015, am pornit. Întâi m-am oprit trei zile în Budapesta, unde m-am întâlnit cu doi prieteni buni din Germania, care voiau să petrecem câteva zile împreună, gândindu-se că poate aveam să mor în junglă. Din Budapesta am zburat spre Rio de Janeiro; trei zile mi-au fost suficiente să ajung să cred că este cel mai frumos oraș în care fusesem vreodată, de până atunci. Din Rio am zburat spre Manaus, în mijlocul junglei, acolo unde Rio Negro se întâlnește cu Rio Solimões și se naște Amazonul, iar de la aeroport am pornit direct spre junglă.

După experiența junglei, m-am oprit o zi în Manaus și, de acolo, am zburat spre São Paulo, unde, vreme de aproape 12 ore, m-am reîntâlnit cu agitația citadină, iar din São Paulo am pornit spre Los Angeles. Am stat pe coasta Pacificului șase zile. Șederea mea s-a prelungit acolo cu 12 ceasuri din pricina faptului că am pierdut avionul spre China și a trebuit să îl aștept pe următorul. Am plecat într-un final spre Beijing, de unde, după experiența marelui oraș și a Marelui Zid Chinezesc, m-am întors acasă.

Nu am pornit la drum cu așteptări. Călătoria mea n-a avut un scop, ci, în sine, a fost un scop: experiența ei. Faptul că nu trebuia să fac ceva anume sau să ajung undeva mi-a dat o stare pe care nu o mai avusesem până atunci – n-am simțit presiunea așteptării. Au fost zboruri de mai bine de 11 ore și schimburi de avioane care au durat și zece ore, dar în tot acest timp nu am avut senzația că aștept, pentru că nu așteptam nimic; popasurile și zborurile erau doar o parte a călătoriei. Aveam sentimentul că plecasem de-acasă spre acasă. Nu trebuia decât să nu uit ce-mi ceruse mama: „Să ai grijă să te-ntorci viu!"

Am plecat singur. Aveam în spate un rucsac de 80 de litri, în care mi-am pus câteva haine de schimb; o pereche de bocanci de vară; o macetă care, în comparație cu maceta lui Roberto – despre care urmează să vă povestesc –, s-a dovedit bisturiu; un hamac colorat, pe care atunci când l-am deschis în junglă Roberto m-a întrebat de ce mi-am luat hamac de copii; o plasă și niște soluție ca să țin la distanță țânțarii tropicali; medicamente pentru alergie – gândindu-mă că, dacă mă mușcă ceva, să le țin sub limbă să nu mă umflu și să mor; alte două flacoane cu pastile; pălăria mea de expediție, pe care am purtat-o pe toată perioada doctoratului prin stuf și pe care am cumpărat-o din India, precum și un briceag pe care l-am pierdut după ce m-am întors acasă.

Pe umeri aveam o geantă neagră pentru aparatul foto, dar în care mi-am pus și binoclul, pașaportul, carnetul internațional de vaccinare, portofelul și niște punguțe mici în care-mi imaginam că o să adun tot felul de lucruri de prin lume. În geanta de umăr, mi-am mai luat încărcătorul de telefon, o cameră mică de filmat pe care puteam să mi-o montez pe cap și niște plicuri cu hârtie pentru scrisori, pe care ulterior chiar le-am scris în junglă și le-am trimis din Los Angeles. Din cele două, numai una a ajuns la destinație, pe cealaltă cred că a deschis-o poștașul când a văzut că la expeditor scrie „Jungla Amazonului". Mai aveam o carte primită, pe care am citit-o în avion și care m-a făcut să vărs câteva lacrimi. Am luat cu mine și o mână de prezervative, iar pe fața externă a genții era prinsă o insignă albă pe care scria mare, cu negru: „Că de n-aș fi, nu s-ar povesti". Insigna mi-am cumpărat-o special pentru călătoria asta, cu gândul că românii sau vorbitorii de română, atunci când o să vadă mesajul, o să-mi zâmbească. N-am întâlnit însă nici un român, dar, pe drumul de la São Paulo la Washington, unde am făcut escală, pe scaunul de lângă mine a stat o doamnă doctor ai cărei bunici erau din Bulgaria. Când emigraseră în Brazilia veniseră cu un pașaport românesc, căci era chiar după război și o bucată din țara lor tocmai fusese anexată României.

Asta e tot ce-aveam, plus telefonul în buzunar și câteva lucruri pe care le știam despre lume – puține însă în comparație cu mulțimea de întrebări ce porneau la drum odată cu mine. N-am lăsat acasă nici o întrebare, le-am luat pe toate, că nu ocupă spațiu, întrebările ocupă timp. Uneori, nu doar că îl ocupă, îl și dilată. Dacă e o întrebare mai serioasă și te confrunți conștient cu ea, chiar anulează timpul, timp care, într-o călătorie în jurul lumii, poți spune că nu există, atâta vreme cât fusul orar se schimbă mereu. Oricum le luam pe toate, și să fi vrut să le las în urmă, n-aș fi putut să fac asta!

Când m-am întors acasă, am adus cu mine tot ce luasem în bagaj, plus câteva suveniruri mărunte, ceai verde și trei perechi de papuci din China, un tricou din Rio cu *Crearea omului* a lui Michelangelo, opt cărți de la un anticariat din L.A., fructe și bucăți de plante medicinale și miraculoase din junglă. Am mai adus o lingură de lemn făcută de Roberto în doar trei minute, cu maceta – lingură cu care am mâncat din farfuriile de frunze –, pietre de peste tot și apă, o sticlă de apă din Amazon, cu care mi-am botezat mașina pe care am cumpărat-o la un an de la întoarcere și pe care o cheamă Rio. Am venit și cu alte întrebări și gânduri. Multe dintre gânduri le aveam, erau deja în mine, dar experiența călătoriei și a junglei în special m-a ajutat să le leg între ele. Gânduri despre mine, despre oameni, despre dragoste, despre magie, despre credințe și zei, despre moarte, într-un cuvânt – despre viață.

Pe unele dintre ele le-am notat lună de lună după ce am venit acasă. Multe par îndrăznețe și poate o să considerați că e prea devreme ca, la vârsta mea, să-mi permit să vorbesc despre lucruri esențiale cum sunt dragostea, moartea, religia sau societatea; pe scurt, să vorbesc despre viață, când eu încă nu știu cu ce se mănâncă. Gândul vă este justificat, însă și demersul meu este justificat și, ca să mă înțelegeți, o să vă povestesc prima lecție pe care am învățat-o în călătoria mea. Eram la Rio, iar în ultima noapte am pornit spre piața de fructe exotice. Am cumpărat o plasă plină, câte un fruct din fiecare grămadă, căci erau de toate formele și culorile. Cât le-am tot ales, mă și întrebam cum se mănâncă și, căutând ajutor, l-am cunoscut pe Renato. Se-ntunecase deja și, de la piață, ne-am dus pe plajă, la ocean, în fața hotelului unde eram cazat.

Ne-am aşezat pe nisip, am deschis plasa imensă şi am scos briceagul, iar Renato mi-a spus:

— Fructele exotice nu se mănâncă oricum, există un ritual... Iei fructul în mână, cu grijă, îi simţi textura şi greutatea, îl priveşti pe toate părţile până eşti sigur că nu mai rămâne milimetru pătrat din fruct neatins de privirea, mintea şi mirosul tău. Apoi închizi ochii şi, după ce i-ai simţit textura şi mirosul, i-ai văzut forma şi culoarea, încerci să-ţi imaginezi cum arată înăuntru şi ce gust are. După asta, îl tai în jumătate şi confrunţi ce vezi cu ce ţi-ai imaginat, îl miroşi iar, îţi reimaginezi gustul după textura, culoarea şi mirosul din interior şi, într-un final, îl guşti. Astfel, gustul fructului are, dincolo de realitatea lui finală, o poveste, o nuanţă. Tot întorcându-l pe toate părţile, tot încercând să-ţi imaginezi gustul, trezeşti receptorii de gust şi miros, trezeşti simţurile, le pui în gardă, le pregăteşti, le antrenezi şi, aşa, fiecare va fi pregătit să întâlnească şi să simtă experienţa fructului în plenitudinea ei!

Asta m-a învăţat Renato: cum se mănâncă un fruct exotic. Şi, până la urmă, viaţa nu-i decât un fruct exotic. La 30 de ani, poate că n-am ajuns nici măcar în punctul în care să fi tăiat fructul, poate că acum încă îl cântăresc, miros şi ating, dar, ca să am toate simţurile treze, ca să-i pot simţi gustul când o să muşc din fructul vieţii, am dreptul acum să-i analizez culoarea şi mirosul, să-mi imaginez şi să mă gândesc ce gust o avea.

Aveţi în mână un mănunchi de gânduri trecute prin mintea unui om care încearcă să înţeleagă şi să se înţeleagă, se străduieşte să cunoască şi să se cunoască. Din ce-am povestit cu prietenii, din ce-am citit sau din ce-am experimentat până acum, toate aceste gânduri le găsesc mai aproape de adevăr decât de eroare, pentru că, evident, e imposibil să te poziționezi în adevărul absolut, așa cum e imposibil să cazi în falsul total. Le-am pus pe hârtie din mai multe motive sau nevoi. Din nevoia de a le pricepe, căci am învățat că atunci când încerci să-i faci pe alții să-ți înțeleagă gândurile le înțelegi și tu mai bine. Din nevoia pe care o avem mulți dintre noi de a povesti și a ne povesti. Un soi de histrionism, poate. Cred că oamenii există pe două planuri: unul prins de spațiu și timp – aici și acum – și un altul suspendat de spațiu și timp, ca personaj principal al unei povești. Le-am pus pe hârtie și din nevoia de a-mi reaminti în detaliu fiecare experiență, dintr-un soi de dor și, probabil, unul dintre motivele pentru care le-am scris este ca, recitindu-le peste timp, să văd cât de mult s-au schimbat toate aceste gânduri în mine și, implicit, cât de mult m-am schimbat eu.

Urmează să vă povestesc întâlnirea mea cu lumea în jurul căreia am călătorit, dar dincolo de toate, întâlnirea cu mine, cu noi, cu *omul* pe care l-am cuprins cu întrebările firești. La început caut să văd de unde venim și cine suntem, apoi ce și cum este universul acesta al existenței noastre, dat de magie și imaginație, religie, etică și iubire, ca, spre final, să ajung să cuget la cea mai mare aspirație a lumii în care trăim – fericirea – și la cea mai mare frică a mea și a lumii – moartea.

Când am plecat la drum aveam în minte doar itinerarul călătoriei; era tot ce știam atunci: unde, când și cât o să petrec. Dincolo de asta, călătoria mea era o carte cu file albe și cu un titlu dat de o insignă: „Că de n-aș fi, nu s-ar povesti". Eram eu și, în fața mea, povestea care urma să se-ntâmple. Ajuns acasă, la finalul călătoriei, mi-am dat seama că nu mai există diferențe între mine și poveste, căci, odată trăită, ea începe să existe prin mine așa cum și eu exist prin ea. În următoarele pagini încerc să v-o povestesc și, dacă Noica a avut dreptate când a spus că ce nu se poate povesti nu există, cartea asta, cu povestea mea, nu-i decât o încercare de a exista.

Întoarcerea în junglă

Era straniu sentimentul de déjà-vu pe care-l aveam când, pe banca din fața mănăstirii, îi spuneam călugărului că vreau să zbor peste Amazon la nesfârșit. Îmi imaginam atâtea detalii și trăiam atâtea emoții, încât puteam să jur că mai fusesem acolo. M-am tot gândit la asta și am început să găsesc unele argumente care mă fac să cred că într-adevăr am mai fost în junglă.

Platon imagina o lume primordială din care am căzut, un cer în care sufletul nostru zbura într-un car tras de doi cai, unul alb și unul negru. Tot el spunea că întâlnirea cu iubirea provoacă în noi o aducere aminte a acelei stări primordiale, a răstimpului dinaintea momentului în care, scăpat de sub control, calul negru ne-a trântit pe Pământ și ne-am înghesuit în trup, în lumea în care trăim astăzi. Întâlnirea cu iubirea este deci întâlnirea cu starea pe care o aveam în lumea din care am căzut, o lume în care hrana era înțelepciunea. Ne hrăneam atunci cu contemplarea valorilor eterne ce țin de adevăr, bine și frumos. Căzuți pe Pământ, spune Platon, ne hrănim acum cu o hrană materială și cu idei degradate.

Dacă filozofia a schițat ideea unei căderi dintr-o altă lume, concept regăsit și în credințele ce stau la baza religiilor formulate de specia noastră, știința argumentează, cu dovezi științifice, un asemenea spațiu – jungla. Un spațiu primordial în care ne-am format și din care am plecat să cucerim lumea. Milioane de ani de evoluție au dus la apariția speciei noastre din specii de maimuțe care populau jungla Africii. Din cauza schimbărilor climatice, pădurile tropicale și-au redus suprafața și, încet-încet, strămoșii noștri au fost forțați să iasă din pădure și să se adapteze altor tipuri de habitate, cum sunt savanele cu ierburi înalte și câmpiile întinse. Au evoluat astfel oamenii moderni timpurii, care au pornit din Africa acum aproximativ 160.000 de ani (date recente spun că asta s-a întâmplat mult mai devreme, acum 270.000 de ani), au trecut din nordul Asiei în America de Nord și au ajuns acum 12-14.000 de ani în America de Sud.

Nu cred că atunci când am plecat din Africa, din cauza faptului că jungla s-a fragmentat și totul devenea arid, am făcut-o doar mânați de foametea provocată de dispariția resurselor, odată cu pădurea. Dincolo de asta, creierul nostru ne îndemna să explorăm și ființa noastră căuta, poate, starea primordială dată de spațiul ancestral în care s-a format și a evoluat aproape 10 milioane de ani, căuta din nou pădurea – jungla. Cred asta pentru că, timp de patru ani, am economisit bani să pot merge o săptămână în junglă. A fost până acum unul dintre cele mai elaborate proiecte ale vieții mele. Am căutat cu sârguință un ghid care să fie un om al locului, un om născut și crescut în Amazonia. Am ajuns acolo, pe malul Amazonului, m-a luat cu barca și am plecat. I-am spus că vreau să văd papagalii *Ara ararauna*, galbeni pe piept și albaștri pe spate, printre cei mai mari și mai spectaculoși papagali din junglă. Mi-a zis că păsările pe care le caut sunt departe și că ar trebui să mergem trei zile în adâncul junglei ca să le găsim. Am citit pe chipul lui o oarecare reținere. Nu mi-am dat seama dacă se temea de expediție în sine sau dacă nu mă credea capabil să străbat jungla, dar am insistat și, în dimineața următoare, am pornit să căutăm papagalii.

Prima noapte în junglă

Am mers vreme de câteva ceasuri bune. Era cald și umed, o umezeală teribilă, dar care nu mă supăra. Era atât de umed încât dimineața se vedeau printre frunze siluetele păsărilor care, cu aripile deschise, stăteau la soare în vârful arborilor ca să-și usuce penele îmbibate peste noapte de sudoarea pădurii și a pământului.

Ne croiam drum printr-o pădure densă, unde spațiul era dat de alte coordonate, se exprima parcă într-un alt sistem. Eram înconjurat de un univers colosal, cu copaci de toate grosimile, foarte înalți, și mă simțeam mic, dar viu, așa cum era totul în jurul meu. Ne făceam uneori loc printre vegetație cu macetele și, tot mergând înainte, simțeam cum parcă nu merg pe orizontală, ci pe verticală, mă afundam în pădurea învăluită de o frumusețe care, mai mult decât să-mi placă, mă impresiona. N-am povestit prea multe cu ghidul meu, căci eram acaparat de tot ce se devălmășea în jur: liane, frunze, sunete, urlete, cântece, trosnete și licăriri de lumină. Imediat după amiază, Roberto a spus că trebuie să ne oprim:

— Aici vom campa și ne vom instala hamacele.

Ne aflam în mijlocul pădurii! A fost prima dată în viața mea când am atârnat un hamac de copaci și urma să fie prima dată când aveam să dorm într-unul. Am făcut focul cu lemnele ude, am fiert câte un cartof și un ou, am mâncat din farfurii confecționate din frunze și ne-am așezat fiecare în hamacul lui. Roberto era la trei metri de mine, se legăna în hamac, când s-a lăsat întunericul și s-a stins ultima flacără. Știam că doarme, îi auzeam respirația și am conștientizat că nu mai era lângă mine, ci departe, în lumea viselor. Începuse cea mai întunecată noapte din viața mea: coronamentul copacilor, stratificat și foarte des, închidea ermetic tot întunericul lumii în jurul meu; era atât de beznă, încât simțeam greutatea nopții cum îmi apasă pe pleoape, nu vedeam nimic, nici măcar propriile degete dacă-mi apropiam mâna de ochi.

Începea să-mi fie frică. De jur împrejur, sunetele păreau din ce în ce mai puternice. Auzeam broaștele orăcăind – niște broaște imense –, maimuțele urlau, copacii trosneau și insectele, cu un sunet electric, continuu și vibrant, cutremurau toată pădurea. Nu recunoșteam nici unul dintre acele zgomote, totul părea străin și asta mă înspăimânta și mai tare. Am dormit de sute de ori în natură, sub cerul liber, în pădurile din munții Făgăraș, pe un pat de cetină sau lângă o stâncă în golul alpin și nu mi a fost frică. Țin minte că, uneori, dormeam atât de adânc și liniștit, încât dimineața mă trezeam cu buzele umflate de la mușcăturile țânțarilor pe care nu-i simțisem. Deci sunt un om care a avut de-a face cu natura și căruia foarte rar i-a fost frică de ea. Acum însă mă temeam, mai mult ca niciodată chiar, însă era o frică ciudată, o trăiam la maximum. Dar ceea ce simțeam era doar frică pură, nu eram și îngrozit. Am încercat să mă liniștesc și să mă gândesc rațional la cauza fricii mele, o cauză pe care nu reușeam să o identific concret.

Îmi era teamă de întunericul adânc, de sunetele acelea pe care nu le mai auzisem niciodată, și apoi mi-am dat seama că-mi era frică de moarte. Mă temeam c-o să mor, nu îmi mai puteam controla gândurile, mi-am amintit de vorbele mamei mele – cu câteva zile înainte să plec îmi spusese că nu reușește să înțeleagă de ce mă duc singur în junglă, de ce mă aventurez în așa ceva și că nu mai poate dormi din pricina gândului că fac una ca asta. Am început să-mi imaginez tot felul de scenarii – poate mama a presimțit ceva, așa cum, înainte să plec în Africa, îmi spusese să mă feresc de oamenii cu pături roșii, că sunt periculoși. Odată ajuns acolo, în niște circumstanțe nepotrivite, am fost luat ostatic de masai pentru câteva ore. Mama avusese deci dreptate.

Mi-am adus aminte că, înainte să pornesc spre junglă, am fost acasă la ai mei și mama m-a îndemnat să am grijă, căci pe o anumită porțiune de drum e plin de gropi. Era un drum pe care mai mersesem de mii de ori și nu mă atenționase niciodată. În noaptea în care mi-a spus, când am intrat pe drumul acela, am făcut pană într-o groapă. Credeam, în tot acest context creat de mintea mea, că mama a presimțit că o să mor în junglă. Mi-am dat seama că nu pot să mi mai controlez gândurile și asta mă speria și mai tare. Nu știu cât a durat totul, dar știu că am fost conștient de momentul în care n-am mai auzit nimic și am simțit cum tot corpul îmi paralizează, mă scufundam parcă într-o apă rece. Din tot acest timp, ultimul gând pe care mi-l mai amintesc a fost că, dacă scap de noaptea asta, am să mă duc acasă și n-am să mă mai aventurez în veci în așa ceva.

Deschid ochii și văd pădurea. În lumina dimineții, totul părea alb-negru. Îl văd și pe Roberto. Un om mic de statură, cum sunt oamenii junglei, la 45-50 de ani, calm, camuflat parcă, cu pielea lui brună, părul negru, stătea aplecat peste ceaunul în care fierbea cafeaua la focul reaprins. A ridicat capul și s-a uitat la mine cu ochii lui negri – nu era negrul nopții prin care trecusem, ci aveau în ei umbra acelor spații întunecate, dar limpezi din junglă, în care nu ajunge lumina, dar care forfotesc de viață. A fost cea mai diferită dimineață din viața mea, eram bucuros că sunt în junglă. Stăteam în hamacul ce mă învelea ca un uter și priveam cum, pe sub mine, circulă de colo-colo scorpioni, lăcuste și furnici. Am mers lângă foc și, cât mi-am băut cafeaua, mi-a spus că am urlat de câteva ori în somn. Am zâmbit și i-am răspuns că probabil visasem urât.

După ce am ronțăit câțiva biscuiți uscați, am pornit în căutarea păsărilor. Mă simțeam atât de bine și de bucuros că sunt acolo, încât parcă uitasem complet de noaptea prin care abia trecusem. Mergând prin pădure, l-am întrebat cum se orientează și mi-a spus că după nori, căci norii curg mereu de la est la vest. L-am întrebat ce să fac dacă mă rătăcesc singur în junglă. S-a uitat în jur și, undeva la câteva sute de metri de noi, a văzut un copac imens cu trunchiul gros din care ieșeau, ca niște raze, lamele imense de lemn. Mi-a zis că, dacă mă pierd, să caut un asemenea copac și să lovesc cu maceta în trunchi. A lovit el și, în acel moment, o vibrație puternică a trecut din copac prin mine și a rezonat în întreaga pădure. Mi-a explicat că oamenii junglei vor auzi sunetul, vor înțelege că m-am rătăcit și vor porni să mă caute.

Continuam să ne afundăm în pădure, iar din timp în timp se oprea și îmi arăta câte un copac din scoarța căruia făceau ceaiuri de leac pentru malarie, ceaiuri cu efect anticoncepțional sau ceaiuri cu care tratau diabetul. Îmi povestea cum, din scoarța unor liane, se pot face ceaiuri care deschid mintea sau tempereazǎ cuplurile care se ceartǎ. Mi-a arǎtat rǎşini care aprind focul, alungǎ colicile şi trateazǎ aproape toate bolile. În timpul în care el îmi vorbea despre leacurile ascunse sub coaja arborilor, eu descopeream insectele, pǎsǎrile şi sunetele junglei. Am avut sentimentul ciudat cǎ parcǎ le ştiam pe toate şi cǎ el mǎ ajutǎ sǎ mi le aduc aminte.

Se fǎcea searǎ şi ne-am oprit sǎ ne instalǎm hamacele. Atârnaţi între copaci, în hamace, aşteptând sǎ se facǎ noapte şi sǎ adormim, m-a întrebat dacǎ-mi este fricǎ. I-am rǎspuns cǎ nu ştiu. S-a întors spre mine şi mi-a spus:

— În jungla asta, singurul lucru de care trebuie sǎ-ţi fie fricǎ sunt şerpii, de ei te poţi apǎra, poţi oarecum sǎ-i ocoleşti dacǎ-i vezi, poţi fi precaut atunci când calci sau când tragi de crengi, dar, în rest, nu trebuie sǎ-ţi fie fricǎ de nimic, pentru cǎ, dacǎ întâlneşti un jaguar, într-o secundǎ, te sfârtecǎ şi n-ai cum sǎ te aperi. Dacǎ te ciupeşte un pǎianjen, ca acela pe care l-am vǎzut azi şi care este cel mai periculos pǎianjen din junglǎ, aşa-numitul „pǎianjen al Evei", nu simţi cǎ te-a muşcat, ci îţi vei da seama doar, dupǎ o vreme, cǎ o sǎ mori. Este atât de mic şi se ascunde atât de bine, încât nu-l vezi şi n-ai cum sǎ te fereşti de el cu bunǎ ştiinţǎ.

Erau deci multe pericole în junglǎ, dar trebuia sǎ mǎ tem doar de cele de care mǎ puteam feri. De celelalte n-avea rost sǎ-mi fie fricǎ pentru cǎ nu le puteam controla, nu ţinea de mine sǎ mǎ ţin departe din calea lor. N-am stat sǎ cuget prea mult la ce mi-a spus Roberto. Am dat de înţeles cǎ mi-e totul cât se poate de clar – asta şi poate şi fiindcǎ eram în mijlocul junglei de douǎ zile şi tocmai trecusem prin purgatoriul primei nopţi, iar în ziua aceea redescoperisem jungla, începeam sǎ o cunosc sau sǎ o recunosc. Dupǎ lǎsarea întunericului, în hamac, eram atent la sunete – îmi plǎceau, mǎ linişteau –, şi încet am adormit. A fost una dintre cele mai frumoase nopți din viața mea. Nu-mi mai era frică, ba chiar îmi plăcea, mă simțeam bine.

Despre mâncare și înțelepciune

Am pornit mai departe în dimineața următoare, după ce ne-am băut cafeaua și am mâncat câteva fructe. Am ajuns într-o zonă cu arbori înalți și groși, am privit în sus printre câteva goluri lăsate de copacii mai mici și am văzut „totul". Erau păsările pe care le căutam, papagalii *Ara*. Se curtau, se giugiuleau, erau imenși, colorați și se mișcau ca niște dinozauri. Vedeai în ei viul, trecutul evoluției lor, parcă acolo, în junglă, dinozaurii mai sălășluiau încă în păsări. I-am privit ore întregi, până când a trebuit să plecăm, căci se lăsa întunericul.

Mai aveam o mână de orez și trei ouă. Roberto a fiert ouăle și orezul, plus niște ciuperci pe care le-a cules de pe un copac putrezit. Mi-a pus pe o frunză două ouă, orez, trei ciuperci și am început să mâncăm. Am mâncat la început orezul și ciupercile, apoi primul ou, iar pe cel de-al doilea l-am tăiat în jumătate și l-am împărțit cu Roberto. A fost un moment de excepție, a acceptat jumătatea de ou bucuros, dar cu o oarecare reținere. Am înțeles ulterior de ce.

Întreaga junglă era casa lui și, ca orice casă, avea unele cotloane ferite de privirea celor care doar trec pe acolo. De aceea uneori nu putea să-mi spună chiar tot ce știe despre anumite plante, animale sau credințe. Dar, din moment ce eu i-am dat din mâncarea mea, jumătate din oul meu, din resursele mele, el se vedea nevoit acum – era o cutumă, cred – să răspundă la toate întrebările mele, cu toate cunoștințele pe care le avea despre subiectul de care întrebam. În felul acesta, eu am împărțit cu el hrana trupului, iar el a împărțit cu mine înțelepciunea, hrana minții, ambele contribuind, în egală măsură, la menținerea vieții. Am simțit atunci nuanța pe care o dă Platon când aseamănă ideea cu hrana. În junglă, și hrana, și ideea sau înțelepciunea au aceeași valoare, căci te ajută să rămâi viu.

Am început să povestim despre credințele noastre și l-am întrebat ce crede că o să se întâmple cu el după ce moare. Mi-a răspuns scurt și firesc:

— Dacă mori, ești mort! Adică, gata, nu mai exiști.

Și m-a întrebat surprins de ce l-am întrebat asta, iar eu am început să-i povestesc ce cred creștinii despre suflet, dar și ce cred budiștii despre viață și moarte. Mă uitam la el și vedeam că nu înțelege cum adică ești mort, dar o parte din tine nu moare, și anume sufletul.

A fost prima dată în viața mea când am cunoscut pe cineva care vorbea despre moarte firesc, fără a improviza povestea unei vieți viitoare și eterne. Din câte știam eu până atunci despre lume, oamenii își doresc să trăiască veșnic din două motive principale: fie pentru că toată viața lor au fost oprimați, asupriți de regimuri politice și nu numai, și așteaptă un mântuitor care să-i răsplătească cu o viață veșnică în care să trăiască bucuria pe care n-o trăiesc cât sunt pe Pământ, fie pentru că o duc atât de bine în viața lor fastuoasă și îndestulată, încât nu își mai doresc să moară și ar face orice să trăiască veșnic.

Am conștientizat atunci că în junglă, unde viața se trăiește așa cum e, unde grija zilei de mâine nu este foarte apăsătoare și unde bucuria există în forma ei pură și măsurată, omul este satisfăcut de prezent și nu așteaptă o prelungire a vieții după moarte. Am înțeles atunci că jungla este locul în care omul e mulțumit de viața lui, o viață nu prea îndestulată și dependentă de consum, dar nici plină de lipsuri și chinuitoare, care să-l facă să nu-și dorească un asemenea trai. Am înțeles asta mai bine și după ce l-am întrebat dacă există o plantă în junglă care să mă facă să rămân mereu tânăr și nemuritor, moment în care m-a privit uimit și mi-a spus:

— La asta nu m-am gândit niciodată.

Mi-a răspuns așa după ce, întrebându-l cum pot să fac să mă transform într-o pasăre, mi-a explicat un întreg ritual în care sunt implicați șerpi, plante și vise, despre care o să vă povestesc în paginile următoare.

Călătoriile și poveștile de dragoste

După încă trei zile de junglă, a venit vremea să plec și să trăiesc groaza despărțirii de pădure. Căutând acum în jurnal, găsesc câteva notițe legate de călătorii pe care le-am scris în avion, la plecare: „Călătoriile sunt precum poveștile de dragoste. Unele sunt scurte, fugitive, durează doar câteva zile sau un weekend. Le trăiești cu intensitate, te trezesc la viață, te animă și îți dau energie, dar, pe nesimțite, se termină și te întorci la rutina vieții tale, fără prea multă nostalgie, dar bucuros că s-au întâmplat. Îmi amintesc câteva iubiri scurte și vizite de weekend în Berlin sau Amsterdam.

Alte călătorii sunt crunte, tot ce îți dorești e să supraviețuiești, sunt asemenea relațiilor bolnăvicioase, de dependență și șantaj emoțional. Sunt relațiile care te fac să plângi de bucurie că s-au terminat, dar, după o vreme, în care mintea se mai așază, începi să descoperi lucrurile frumoase și experiențele bune trăite. În acest răstimp, dacă ai o doză de masochism în tine, tinzi să te întorci în relație. Îmi amintesc de călătoria mea în India și momentul în care, ajuns acasă, mă văd plângând în duș de fericire că am supraviețuit și că experiența a luat sfârșit. Îmi juram că n-am să mă mai întorc acolo niciodată, dar acum, după trei ani, mă gândesc că aș vrea să merg iar în India.

Sunt însă și unele călătorii, precum iubirile, în care începi să crezi că ar exista un suflet pereche și că l-ai găsit. Sunt călătoriile care te inspiră, îți deschid ființa, te bucură și te fericesc în fiecare moment, îți dau impresia că ai găsit ceva ce, poate, nici nu știai că ai căutat și te nenorocesc, te zdrobesc de tristețe atunci când se termină. Sunt despre locurile pe care, chiar dacă le-ai părăsit, le porți în tine mereu și încerci să le cauți în altele, așteptând mereu să le regăsești. Un așa soi de experiență cred că este călătoria mea în junglă. Indiferent cât de mult durează, cât de intense sunt, cât de plăcute sau neplăcute par la prima vedere, călătoriile, ca și poveștile de dragoste, sunt în esența lor frumoase.

Iubirile și călătoriile sunt asemănătoare și când vine vorba să le povestești altora. Iubirea ta pare unică, predestinată și fără precedent, așa cum sunt, în fapt, toate iubirile. Povestite, mai toate au un șablon al manifestării lor, așa cum fiecare călătorie se derulează după câteva linii generale. În acest sens, e greu, aproape imposibil să povestești cuiva experiența călătoriei tale și să o înțeleagă, așa cum e imposibil să-i povestești cuiva povestea ta de dragoste, fără a o banaliza și a o pune în același registru cu altele. O călătorie, asemenea unei povești de dragoste, este, dincolo de suma de experiențe, o sumă de stări și trăiri pe care, de cele mai multe ori, e imposibil să le cuprinzi în cuvinte."

Sunt convins acum că, prin cerul lui, Platon a intuit jungla. Spațiul în care hrana și înțelepciunea au aceeași valoare, unde cei care trăiesc acolo trăiesc prezentul și nu speră la o „viață de după" mai altfel decât cea pe care o au deja, iar frica este înlocuită de asumare, asumare și acceptarea hazardului, a legilor care guvernează viața de la apariția ei în Univers. Îmi dau seama acum că eu am căzut de două ori din cerul lui Platon: prima dată când, prin strămoșii mei, prin ADN-ul lor, am părăsit jungla Africii și a doua oară când, cu avionul, am picat din junglă înspre cer. Dacă după prima cădere uitasem tot, întoarcerea în junglă m-a ajutat să îmi reamintesc cum eram noi, oamenii, înainte să vrem să ne credem nemuritori.

Fosilele și urmele lăsate de strămoșii noștri, de oamenii care au reprezentat și reprezintă *omul* de-a lungul evoluției, schițează povestea originii noastre în pădurile din Africa, dar, dincolo de asta, detalii din această poveste și călătoria oamenilor spre întreaga lume se găsesc scrise și în ADN-ul nostru.

ADN-ul nostru cel din toate zilele

Acum aproximativ 12.000 de ani primul om, primul individ al speciei noastre, ajungea pe coasta de est a Americii de Sud, pe pământul căruia i-a fost ursit să găzduiască cel mai frumos oraș de pe Pământ, Rio de Janeiro. A fost o călătorie lungă, o epopee începută în Africa. În drumul lor peste Europa, Asia și America de Nord, mulți s-au oprit prin diverse locuri și au rămas acolo, continuând fiecare povestea în felul lui. Toate aceste povești sunt scrise în ADN-ul nostru.

ADN-ul mitocondrial – zestrea noastră maternă

ADN este o moleculă organică complexă, prezentă în celulele tuturor organismelor vii. Înmagazinează în ea informația necesară organizării și funcționării fiecărui organism. Baza structurală a acestei molecule, modul de organizare și codificare a informației este comun tuturor viețuitoarelor și reprezintă un argument al faptului că toată viața de pe Terra are un strămoș comun, toți cei vii am evoluat din prima monadă de viață apărută aici sau venită din Univers.

Pe măsură ce viața a evoluat, ADN-ul și-a păstrat baza organizării și funcționării, dar a devenit din ce în ce mai complex în compoziție. Astfel, formele de viață apropiate pe scară evolutivă au un ADN mai asemănător, iar cu cât distanța evolutivă crește, cu atât cresc și diferențele dintre ADN. ADN-ul nostru, al oamenilor, diferă de cel al gibonilor într-un procent de 5%, de cel al gorilelor cu doar 2,3%, gorilele fiind mai apropiate evolutiv de noi, iar cea mai mică diferență există între ADN-ul nostru și al cimpanzeilor, de doar 1,6%.

Analizând astfel structura și organizarea ADN, pe lângă celelalte date venite din paleontologie și anatomie, putem să refacem povestea evoluției vieții pe Pământ. O analiză de rezoluție scăzută a ADN aduce date ce dezvăluie evoluția speciilor, iar o analiză de rezoluție mare poate să descrie evoluția unei singure specii, povestea modului în care populațiile ei s-au modelat în timp.

La noi, la oameni, la restul animalelor și plantelor cu reproducere sexuată, jumătate din ADN-ul nucleului fiecărei celule o avem de la mamă, iar cealaltă jumătate, de la tată. Există însă un ADN care, de miliarde de ani, este moștenit de noi pe cale maternă: ADN-ul mitocondrial. S-a descoperit recent că ADN-ul mitocondrial poate trece și pe cale paternă, însă din ce știm până acum situațiile sunt rare. Acest ADN mitocondrial se găsește în mitocondriile din celulele noastre – organite mici care îndeplinesc funcția de uzină energetică a celulei. Originea noastră, a fiecăruia dintre noi, coincide cu fecundația, momentul în care spermatozoidul se contopește cu ovulul. Dintre aceștia doi, doar ovulul este cel care își păstrează mitocondriile în embrion, mitocondrii care, prin înmulțire, vor fi prezente în fiecare celulă a organismului nou-format.

În timp, de la un individ la altul, ADN-ul suferă mici modificări, care înseamnă variații ale informației din celulă, iar modificările informației se pot reflecta în diferențe privind structura și compoziția celulei. Dacă majoritatea modificărilor se moștenesc de la o generație la alta, unele dispar în timp, fiind eliminate de selecția naturală. Transmiterea sau nu a acestora este decisă de rezultatul unei combinații date de gradul modificării ADN-ului, a structurii pe care acesta o codifică și a interacțiunii ei cu mediul. Analizând fragmente de ADN mitocondrial, ne putem întoarce în timpul devenirii noastre ca să reiterăm povestea încă de la începuturile ei.

La început, toți am fost negri

Din toate datele pe care le avem până acum, înțelegem că am apărut ca specie în urmă cu 300.000 de ani din zona în care astăzi se află Etiopia. La apariția lor, oamenii speciei noastre erau perfect adaptați savanei africane, mediul în care am evoluat, așa cum sunt și astăzi unii dintre noi – cei care trăiesc în Africa. E general acceptat și demonstrat științific faptul că primii oameni apăruți pe Pământ, strămoșii tuturor celor care trăiesc în prezent, erau negri. Culoarea neagră a pielii este dată de un pigment numit *melanină*, care protejează pielea de razele UV. În zona ecuatorială a globului puterea radiațiilor UV este foarte mare, pentru că acestea cad perpendicular pe scoarța terestră, ceea ce face absorbția lor aproape maximă. Pe măsură ce ne îndreptăm spre poli, unghiul cu care radiațiile UV ajung pe Terra se modifică și absorbția lor scade, o mare cantitate din acestea reflectându-se în atmosferă.

Radiațiile UV pot afecta structura ADN-ului, producând mutații genetice care, de cele mai multe ori, duc la forme de cancer și la alte afecțiuni ale pielii. Culoarea neagră a pielii, apărută în urma selecției naturale, protejează organismul de radiațiile UV. Primii oameni ai savanei erau asemănători la statură cu masaii de astăzi, înalți și supli. Fiind mai înalți și mai supli, aveau suprafața relativă a corpului mai mare. Erau vânători, culegători și urmăreau vânatul alergând pe distanțe foarte mari. Din cauza acestui efort fizic, corpul lor se încălzea foarte tare iar suprafața relativă mare îi ajuta să se răcească mai repede și să poată face față efortului. Erau adaptați la modul de viață, la alergat în zonele cu climat cald și la cantități uriașe de radiații UV.

O parte din acești oameni ai savanei au început călătoria speciei noastre, o călătorie care urma să ne răspândească pe tot Pământul și dincolo de el. Cei care s-au așezat în Europa s-au confruntat cu un climat mai rece, motiv pentru care corpurile lor înalte și suple se răceau repede și pierdeau multă energie. Din această cauză, selecția naturală i-a favorizat pe cei mai scunzi și mai „îndesați". Aceștia puteau să-și conserve căldura corpului mai bine și, încet-încet, europenii au devenit mai scunzi decât africanii.

Cantitatea de radiații UV este mai mică în Europa, iar culoarea neagră a primilor oameni care au ajuns aici bloca total absorbția radiațiilor UV, care într-o cantitate mică sunt benefice organismului, căci ne ajută la sintetizarea vitaminei D și, prin ea, la fixarea și metabolizarea calciului. Deci, pentru a putea absorbi o cantitate de radiații UV, selecția naturală a favorizat indivizii cu o piele mai deschisă și, astfel, au apărut primii oameni mai deschiși la culoare. Pe măsură ce ne-am îndreptat spre nord, unde cantitatea de radiații scădea tot mai mult, cantitatea de melanină s-a redus și ea, de la o generație la alta, pentru a favoriza absorbția acestor radiații. Prin adaptarea la mediu au apărut oamenii blonzi din nordul Europei.

Prin Orientul Mijlociu, oamenii au pornit spre Asia Centrală și populații însemnate au ajuns pe ceea ce este cunoscut drept Acoperișul Lumii – platoul Tibetan. Acolo, la o altitudine de 5.000 de metri, condițiile de mediu sunt foarte diferite de cele din Africa sau Orientul Mijlociu. Temperaturile sunt scăzute și au fost favorizați indivizii mai scunzi care, din cauza suprafeței relative a corpului mai mici, se încălzeau mai ușor. Vânturile sunt foarte puternice și reci, iar asta afectează extremitățile: bărbia, nasul și urechile, care pot degera și, astfel, provoca infecții. De-a lungul miilor de generații, au fost favorizați de selecția naturală indivizii care aveau aceste extremități mai reduse și mai protejate de frig. Vântul rece și puternic afectează și ochii, fiind avantajați cei care aveau un strat de grăsime sub pleoape, strat care apără ochii și le dă o formă specifică, întâlnită cu precădere la populațiile din Asia. Acolo, pe Acoperișul Lumii, oamenii s-au adaptat și au evoluat populații mai deschise la culoare, ca să poată absorbi radiațiile UV, cu extremitățile corpului mai mici, ca să nu le înghețe și cu un strat de grăsime sub pleoape, ca să le protejeze ochii de vânt și frig.

Din Asia, acum 16.000 ani, au trecut în America de Nord primii oameni. În următorii 3.000 de ani au ocupat continentul nord-american, iar în urmă cu 12.000 de ani au ajuns în America de Sud, la capătul lumii. Oamenii s-au adaptat mediului din cele două Americi, cei din nord mai păstrând în fizionomia lor caracteristicile asiaticilor, care s-au mai redus la cei din America de Sud. Astăzi, călătoria noastră nu se opreşte aici; după ce am păşit pe Lună, ne continuăm periplul în Universul din care facem parte.

Povestea pe care o scrie fiecare

Acum 8.000 de ani am început să lăsăm primele scrieri pe carapace de ţestoase, poate din nevoia de a transmite mesajele, peste timp, generaţiilor care vor urma. Atât de mult ne-am dezvoltat această capacitate, încât scrisul a devenit, pentru cei mai norocoşi, un firesc al lucrurilor. Lăsăm astfel urmaşilor, prin scris, istoria noastră, a fiecăruia şi a tuturor. Perioada de istorie pe care o descoperim din scrierile oamenilor este infimă în comparaţie cu vastitatea existenţei noastre pe Pământ. Rămâne un con de umbră peste tot trecutul existenţei noastre, con peste care am început să facem lumină, când am învăţat să citim în ceea ce natura a început să scrie de la prima formă de viaţă apărută pe Pământ, acum mai bine de 3,5–4,5 miliarde de ani – în ADN.

Am învăţat, un pic poate prea târziu, că avem toţi acelaşi început de poveste şi că diferenţele fizice majore dintre noi sunt date de mediul la care ne-am adaptat în lunga noastră călătorie spre America de Sud. Noi, oamenii de acum şi dintotdeauna, suntem şi vom deveni din ce în ce mai diferiţi unii de alţii, dar, în acelaşi timp, trebuie să conştientizăm că toţi suntem şi am fost egali în ceea ce priveşte valoarea noastră, pentru că toţi suntem diferiţi şi toţi murim şi toţi am plecat cândva din junglă spre Univers.

În ADN-ul fiecăruia dintre noi stă scris faptul că, la început, primii strămoşi umani erau negri, că, înainte de ei, am avut un strămoş comun cu maimuţele antropoide de astăzi și că, undeva, foarte departe în negura vremii, am început aventura vieții ca o monadă. Păstrăm în fiecare dintre noi povestea celor care au fost înaintea noastră și suntem sursa cuvintelor poveștii celor ce vor veni după noi. Descoperirea ADN-ului și travaliul încă solicitant al înțelegerii lui ne face să conștientizăm că momentul în care ne naștem nu-i decât șansa colosală și privilegiul pe care-l avem de a scrie mai departe o poveste începută ca oameni acum 300.000 de ani și ca ființe vii, acum mai bine de patru miliarde de ani, aici pe Pământ sau poate și mai devreme, undeva în Universul care ne cheamă, așa cum mă cheamă pe mine, și pe noi toți, jungla, locul originii noastre.

Ca să pricepem legătura noastră cu jungla nu trebuie neapărat să căutăm prin milioanele de pagini scrise de geneticieni, antropologi și arheologi, ci uneori e nevoie să fim atenți la ce simțim când ne întâlnim cu natura.

Psihologia mediului ambiental

Fie că suntem sau nu biologi, de multe ori ne dorim să ieșim în pădure, să hălăduim pe dealuri, să evadăm în junglă, să ne plimbăm în parc sau, cel puțin, fiecare dintre noi admiră o fotografie reușită a unui peisaj luxuriant, a unui colț de natură. Recunoaștem în noi, se pare, instinctiv, conștient sau nu, nevoia de a ne apropia de natură. În ultimul deceniu mai cu seamă, biologii evoluționiști, ecologii, psihologii și medicii au tot făcut studii și experimente ca să descopere și să evidențieze efectele interacțiunii noastre cu natura. Cum poate întâlnirea noastră cu jungla, pădurea, dealul sau lunca unui râu influența sănătatea noastră fizică și psihică și, mai cu seamă, care sunt motivele pentru care majoritatea dintre noi avem o sensibilitate față de natură, un fel de receptivitate la verde și sălbatic?

Psihologia peisajului

Primele lucrări referitoare la psihologia mediului au apărut în anii '70 în lumea anglo-saxonă și s-au axat în principal pe om, în mediul lui cultural și social. În acest context, pe la jumătatea anilor '90 s-au cristalizat studii de psihologia mediului rural privind interacțiunea agricultorului cu natura și, încet-încet, s-a făcut saltul spre o psihologie a peisajului, a spațiului natural.

Simbolistica naturii și percepția noastră asupra ei se pare că sunt influențate direct și semnificativ de mediul social în care trăim. Astfel, pentru cei din mediul urban, natura este asociată „sălbăticiei" și libertății, un teatru al evadării și aventurii, un spațiu al misterului ce trezește teama și curiozitatea, un univers care ne atrage cu un cântec asemănător celui cu care sirenele îl ademeneau pe Ulise. Pentru cei din spațiul rural, natura reprezintă fie un pericol, fie monotonia absenței unor solicitări. Pericolul pe care natura îl reprezintă pentru oamenii din zonele rurale nu este raportat în mod direct la ei, ci mai degrabă la animalele pe care le cresc sau la câmpurile pe care le cultivă – elemente ale naturalului –, amenințările fiind astfel etichetate ca prădători, paraziți și dăunători. Ruralii percep în oraș stimularea și anonimatul, proiectând în acest spațiu libertatea și aventura, tot așa cum citadinii percep toate acestea în natură.

Detașați de pericolul pe care natura îl are asupra resurselor de hrană cultivate sau a animalelor domestice, majoritatea celor de la țară și a celor de la oraș trăiesc o stare de bine la întâlnirea cu natura, care are un efect energizant. S-a constatat că într-un spital pacienții care erau internați în saloanele ce aveau ferestrele spre parc se însănătoșeau semnificativ mai repede față de cei care erau internați în saloane ale căror ferestre dădeau spre alte clădiri. Numeroase studii atestă faptul că în penitenciare prizonierii care au ferestre cu vedere spre natură se îmbolnăvesc mai rar decât ceilalți. Aceste studii au fost făcute pe indivizi aflați într-o situație de stres, însă rezultatul nu poate fi general valabil. Pentru indivizii din spitale sau penitenciare, natura ajunge să reprezinte un spațiu de evadare psihologică, de libertate contemplativă.

În alte situații, cu alți subiecți, s-a constatat că expunerea la natură poate avea efecte mai puțin dorite. Astfel, persoanele în vârstă din instituții dedicate îngrijirii lor și aflate în afara orașului, în medii rurale, înconjurate de natură, pot manifesta un comportament depresiv și un tonus emoțional scăzut, în comparație cu persoanele aflate în instituții din cadrul orașelor sau al localităților mai mari. În aceste cazuri, cei în vârstă percep interacțiunea cu natura ca un moment de izolare și singurătate, simțindu-se mai departe de familie și mediul social. Înțelegem că, de cele mai multe ori, nu natura în sine are un efect direct asupra celui care o privește, ci modul în care omul vede natura, felul în care el se raportează la ea are de fapt consecințe asupra acestuia.

Dincolo de subiectivitatea noastră și de felul în care interpretăm interacțiunea cu natura, studii pe grupuri mari de oameni din diverse medii și culturi au demonstrat statistic semnificativ că cei care își petrec mare parte din timp în apropierea naturii au o speranță de viață mai mare, o sănătate mai bună, iar mortalitatea cauzată de bolile sistemului circulator are un procent mai mic. S-a constatat că în orașele unde există zone extinse cu verdeață, parcuri mari și accesibile interacțiunea socială este sporită și criminalitatea redusă. Se pare astfel că, la o scară de timp mai mare și privind mai obiectiv, interacțiunea cu natura are efecte semnificativ benefice asupra sănătății noastre fizice și psihice.

Subiectivitatea peisajului ideal

Multe dintre concluziile studiilor de până acum atestă faptul că, atâta vreme cât suntem tineri și putem face parte cu ușurință dintr-o rețea socială, avem tendința de a locui și interacționa mai des cu natura și, din această pricină, o casă în apropierea unui mediu natural, sălbatic ne este benefică. Pe măsură ce înaintăm în vârstă și interacțiunea noastră socială devine tot mai condiționată de starea de sănătate și de alți factori pe care nu-i putem controla întru totul, se pare că este mai bine pentru noi să locuim într-un oraș sau într-o localitate mai mare. Rezultatele studiilor par paradoxale în comparație cu nevoile noastre zilnice, căci majoritatea dintre noi își fac scenariul retragerii la pensie într-un loc izolat, la o cabană ori într-o zonă rurală. Dar lucrurile nu se contrazic deloc, căci aceste dorințe și scenarii pe care le avem cât suntem încă tineri sau la o vârstă nu foarte înaintată relevă nevoia noastră din acel moment de a interacționa cu natura, nevoie care se poate schimba atunci când vom ajunge la pensie.

Alte studii vorbesc despre faptul că spațiul ideal de locuit al unui individ se construiește prin prisma mediului în care a copilărit. S-a constatat că majoritatea adulților identifică locul cel mai important al copilăriei lor drept un spațiu aflat în aer liber și atunci când au nevoie de un moment de relaxare sau atunci când descriu locul ideal în care vor să își construiască o casă de vacanță se raportează la acest spațiu. De cele mai multe ori, elementele care descriu acest colț de natură ideal sunt: cerul, copacii, stâncile, dealul, ciripitul păsărilor, vântul sau valurile. S-a constatat că toate aceste descrieri subiective corespund cu mediul pe care, copil fiind, individul l-a explorat, fără medierea adultului. Astfel, spațiile în care ne-am aventurat și pe care le-am explorat singuri vor construi spațiul ideal în care vrem să ne relaxăm sau să locuim când vom ajunge adulți.

Jungla ca spațiu al revelației și regăsirii

Îmi amintesc perfect momentul întâlnirii mele cu jungla. Era dimineața celei de-a doua zile; am plecat de cu noapte, într-o barcă îngustă de lemn în care abia încăpeam două persoane, să prindem răsăritul pe apa junglei ca să vedem delfinii. Am mers pe un braț principal de apă vreme de două ceasuri ajutați de lumina intermitentă a lanternelor frontale.

Lumina frontalelor pâlpâia mereu, și le foloseam cu rândul – când eu, când Roberto – ca să ne protejăm cât de cât de țânțari și alte insecte, care sunt atrase hipnotic de orice sursă de lumină. Evident că eu am vrut în prima seară să văd ce se poate întâmpla dacă las frontala aprinsă continuu. În 60 de secunde am fost învăluit de un nor de făpturi mici și foarte mici, care m-au mușcat de față, mi-au intrat în nas, mi se înghesuiau în gură și mi se lipeau de umezeala ochilor. Voiau să intre în mine cu orice preț, așa cum am vrut eu să intru în junglă.

După un timp ne-am apropiat de un pâlc de copaci inundat și am legat barca de un ficus. În fața noastră era o deschidere imensă de apă în care auzeam, fără să putem vedea din cauza întunericului, pufăiturile explozive ale delfinilor ce ieșeau la suprafață să respire. Am stat acolo până s-a făcut dimineață. În zonele dinspre Ecuator ale globului, soarele răsare și apune brusc, așa că nu am realizat când s-a ridicat cortina de întuneric. M-am trezit cu jungla devălmășită în fața mea. Apa întinsă era agitată de suflul puternic al expirației delfinilor. Atât de tare și adânc se auzeau și atât de vital era sunetul expirației, că aveam impresia nu că expiră aer, ci că aruncă spre cer viață pură. Delfinii au venit la aproape 5 metri de barcă, le vedem creștetul capului cu eventul, înotătoarea dorsală și botul, toate învelite de pielea strălucitoare de culoarea grafitului. Vânau. Formau un fel de horă, un cerc în jurul bancurilor de pești, pe care le aduceau din adânc la suprafață. Peștii săreau din apă în aerul în care nu puteau să înoate și cădeau înapoi, unde îi așteptau delfinii.

Roberto mi-a spus că este vremea să mâncăm și noi, ca delfinii. Îmi era foame, abia așteptam micul dejun. Ne-am retras cu barca în mijlocul pâlcului de copaci inundat și am legat-o acolo. Sub noi apa avea în jur de 3-4 metri, era tulbure, nu vedeam nimic. A scos din raniță o pungă cu o bucată de carne, părea un picior de pui. Mă uitam la el nedumerit. Cum să iei carne cu tine, pe căldura aia, în junglă?! A băgat mâna în pungă și a scos carnea. A pus-o pe scândura ce traversa barca pe post de bancă, între mine și el. A trântit-o cu satisfacție, de parcă o vânase și era mândru de asta. Mi-am dat seama că deja nu-mi mai era foame și puteam să jur în clipa aceea că n-avea să-mi mai fie niciodată. Nu sunt mofturos, mănânc aproape orice dacă n-am de ales, dar asta părea prea de tot.

A luat un briceag și a tăiat din carnea aia bucăți mici, de parcă pregătea sushi. După ce a tăiat vreo zece a pus pulpa înapoi în pungă. M-am liniștit, vestea bună era că măcar nu voia s-o mâncăm pe toată. Mi-am spus că o să înghit imediat câteva bucățele, fără să mă gândesc prea mult la asta. Vestea rea era însă că-mi închipuiam că a doua zi urma să mâncăm restul – ceea ce, pentru mine, însemna moarte sigură. Mă uitam consternat la Roberto și parcă totul se întâmpla cu încetinitorul. S-a ridicat în picioare, în barcă, și a tăiat două crengi. Eram sigur că vrea să facă două țepușe. Părea încurajator: vrea să facem focul, măcar n-o mâncăm crudă. Dar, stai așa, unde să facem focul?! În barcă? A scos apoi niște fire de nailon și am expirat adânc precum delfinii. O să pescuim.

La capătul fiecărui băț a legat firul și în cârligul destul de mare a pus carnea. Apoi a mai tăiat câte o creangă pentru fiecare și a început să mă învețe să pescuiesc piranha. Prima dată lovești cu bâta apa, astfel peștii o să simtă vibrațiile. Mulți o să fugă, dar pirhania nu, se apropie crezând că o maimuță a căzut în apă. După care bagi cârligul cu carnea și îl tot ridici sacadat, fără să-l scoți din apă. Când simți că opune rezistență, tragi. Așa am făcut și eu, și Roberto de câteva ori. După ce am dat cu bâta în baltă – la propriu – de mai multe ori, am avut succes, cum se întâmplă mai mereu în viață, nu? Am prins primul meu pirhana! Chiar dacă era o treime din palma mea, dinții ascuțiți ca niște lame puteau să îmi taie ușor bucăți din piele, așa că Roberto, atent, mi-a arătat cum îl omor mai întâi și apoi cum să-i scot cârligul din gură. Am prins vreo șapte pești pe care, după ce i-a eviscerat și i-a crestat mărunt cu briceagul, i-am prăjit odată ajunși la mal.

Pescuiam, priveam delfinii, copacii ieșeau direct din apă, palmierii se ridicau deasupra tuturor, lianele și bromeliile atârnau ca niște cortine verzi prin care treceau păsările și săreau maimuțele. Imaginea aceea mi-a rămas în minte, mi-a fost sculptată pe retină și bucuria ce m-a cuprins a oprit timpul. Am simțit de undeva, din ancestralitatea ființei mele, o stare de exaltare și bucurie, era ca și cum am căutat de când mă știu locul acela și viața aceea și atunci le-am găsit.

Biologii și psihologii evoluționiști explică starea de bine pe care o dă întâlnirea cu natura luxuriantă sau experiența frumosului pe care o recunoaștem atunci când privim un tablou sau o fotografie cu un peisaj din natură din perspectiva faptului că noi suntem urmașii celor care erau, într-o perioadă lungă a evoluției speciei noastre, vânători și culegători. Triburile, sau mai bine spus acele grupuri nomade de oameni, recunoșteau instinctiv aceste peisaje pline de viață ca pe o sursă de hrană ce, implicit, le asigura supraviețuirea. Noi suntem astfel urmașii celor care au știut să caute, să găsească, să se lase atrași și să exploreze pădurile cele mai pline de viață, mai prospere și mai luxuriante. Prin urmașii lor, au transmis acest instinct de bucurie peste generații până la noi.

Un alt moment pe care mi-l amintesc perfect a fost cel al ultimei nopți. Era singura noapte în care se vedea cerul, priveam din hamac spre stele și atunci, ca într-o vâltoare, mi-au trecut prin cap mii de gânduri, am conștientizat lucruri de care nu fusesem conștient până atunci, am înțeles parcă multe din câte nu pricepeam și mi-au venit în minte întrebări pe care nu le avusesem până în acea clipă. După șase zile de junglă, am devenit parcă mai înțelept, și nu exagerez când afirm asta – nu demult neurobiologii au descoperit ceva ce se credea imposibil, și anume „neurogeneza de fază adultă“. Până de curând se credea că după maturizarea creierului nu mai apar neuroni noi, neuroni tineri, care să îmbunătățească rețelele din creierul nostru sau să-i înlocuiască pe cei morți. Prin marcarea unor celule stem, s-a descoperit faptul că, în anumite condiții și experiențe de viață, unele celule din creier se transformă în neuroni, formând sinapse și conexiuni noi, neexistente până atunci. Sunt câteva situații în viața noastră când neurogeneza de fază adultă are loc, iar una dintre aceste situații este explorarea naturii, a unui spațiu natural necunoscut până atunci. Se prea poate ca toate acele conexiuni de gânduri din capul meu să se fi făcut datorită neuronilor formați în creierul meu în urma întâlnirii cu jungla, deși, după datele din literatura de specialitate, creierul meu era deja adult.

Când vine vorba despre călătorii, ne gândim mereu, metaforic, la faptul că plecăm în lume să ne descoperim pe noi înșine. După experiența junglei, a urmat călătoria în L.A., iar în mijlocul metropolei americane chiar am înțeles cât de mult m-a ajutat jungla să mă descopăr. Mergeam pe stradă și-mi era mereu foame sau, mai degrabă, poftă de ceva, îmi venea să mănânc tot timpul. Am conștientizat atunci că în junglă nu m-am confruntat cu nevoia acută de mâncare. Cu toate că depuneam mai mult efort, necesitatea de a mânca la prânz și cină se năștea firesc în mine; mâncam și foamea îmi era pe dată ostoită. Pe când în L.A. nici nu terminam bine de mâncat, că voiam imediat să mai gust și din altele. Asta se întâmpla însă din pricina reclamelor care mă asaltau din toate părțile – fiecare companie producătoare de ceva comestibil mă voia client, și acest fapt nu se rezuma la mâncare. Atât de mulți stimuli conștienți sau subliminali roiau în jurul meu, încât nu mai știam dacă actul voinței de a face ceva venea din mine sau îmi era indus. Asemenea lucruri nu le-am trăit în junglă. Jungla și orice colț de natură te izolează de stimuli urbani și naște acel univers în care te întâlnești, ca într-o bulă de săpun, cu tine, cu voința ta, cu sinele tău.

Poate că nu am simțit direct efectele pe care întâlnirea cu jungla le-a avut asupra sănătății mele, cu toate că, dacă nu mă vaccinam, probabilitatea ca ele să fie negative, și nu pozitive, era mult mai mare. Dar după acel scurt timp petrecut în imensitatea pădurii am trăit nu doar bucuria omului care găsește natura, ci și a naturii care se regăsește în om. Am experimentat acele momente de revelație și starea firească de întâlnire cu mine – și ce poți să-ți dorești mai mult de atât, mai mult decât un moment în care să treci dincolo de cerul cotidian al experienței tale?

Noi, oamenii, suntem parte a naturii și, astfel, întâlnirea cu oricare dintre formele ei – junglă, luncă, deal, mlaștină, plajă, livadă ori parc –, conștient sau nu, ne învăluie cu ceea ce este ea în esență, o armonie născută prin hazard din haos. Ne este însă greu să înțelegem în ce fel suntem parte din natură, pentru că de câteva generații încoace ne-am ascuns în spatele zidurilor și am uitat de unde am plecat, sau, dacă tot vorbim despre junglă, nu mai vedem pădurea din cauza copacilor.

Despre pădurea pe care n-o vedem din cauza copacilor

Dacă, într-un scenariu imaginar, am reduce toată istoria Terrei la durata unei zile, atunci noi, oamenii, populăm lumea doar în ultimele patru secunde din această zi lungă. Am evoluat şi ne-am format în tot acest timp într-o interacţiune dinamică cu natura şi cu tot ce ne înconjoară pe o planetă care ne-a fost adăpost. În urmă cu 3.000 de ani, adică în cele câteva miimi de secundă cu care se încheie ziua imaginată, ne-am construit ziduri care ne-au izolat de natură şi care au devenit casa noastră. În ultimele decenii, am inventat maşini, tehnologii şi reţele care acum ne fac să credem că am devenit independenţi şi superiori naturii din care venim. Dacă privim în jurul nostru, lucrurile chiar par că stau aşa, căci e greu să vezi toată pădurea atunci când eşti in mijlocul ei, ascuns în umbra copacilor. Dacă facem un efort şi urcăm muntele pe care se sprijină pădurea, de acolo, de sus, o să-i vedem contururile şi, cu privirea, o să-i putem aproxima perimetrul.

Independența noastră – un moft, o părere

În Paleolitic (cca 20.000–8.000 î.e.n.), oamenii depindeau cu totul de vânătoare și cules; au înțeles că animalele și plantele din jurul lor sunt cele care le asigură hrana și, implicit, existența. În acest context s-au născut totemurile; antropomorfizând animalele, oamenii se așteptau ca uciderea unui animal dintr-un grup să atragă după sine răzbunarea acestuia de către restul grupului, așa cum uciderea unui om dintr-un trib atrăgea răzbunarea tribului asupra ucigașilor. Pentru a evita aceste răzbunări, oamenii au stabilit niște animale sacre care să-i protejeze și au construit totemuri. Astfel, odată cu conștientizarea prezenței sale în cadrul cosmosului, omul a simțit relația sa cu fiecare element al naturii. Orice totem devenea „tabu“, termen împrumutat din polineziană, care desemna tot ceea ce este interzis profanului. Giorgio Agamben, filozof italian de gândirea căruia se leagă concepte precum *starea de excepție* și *homo sacer*, spune că termenul de tabu stă la baza termenului de sacru, fiind caracterizat de o ambiguitate de sens: tabu însemna tot ce este în același timp nobil și blestemat, demn de venerație și susceptibil de oroare.

Neoliticul (cca 8.000–2.000 î.e.n.) a adus, odată cu descoperirea plantelor de cultură, o nouă abordare a sacrului care îndreaptă toată această lumină a simbolismului spre terestru și vegetal. Când erau la câmp, unde cultivau ori culegeau, oamenii trebuiau să fie într-o stare de puritate rituală. Și-au dat seama că aceste resurse sunt limitate și a apărut teama epuizării lor. Din această perspectivă, sacerdoții comunităților umane au imaginat ritualuri care să liniștească angoasa pierderii resurselor naturale. Agamben explică modul în care, în cadrul acestor ritualuri, primele semințe erau „aruncate“ ca ofrandă, iar primele fructe coapte erau lăsate neculese, tocmai pentru a recicla energiile sacre.

Timpul a trecut și oamenii au început să cunoască tot mai mult natura, să înțeleagă legăturile dintre componentele ei și să se integreze cât mai non-invaziv sau non-distructiv în ea. Unele mituri ale creației din America de Nord și Europa imaginau oamenii ca ieșind din pământ precum plantele, la fel cum personificau cerul și îi venerau pe Zeul Cerului și glia maternă, dătătoare de viață, care a devenit Zeița Mamă. Aceste mituri ale creației i-au învățat pe oameni că ei aparțin pământului, la fel ca stâncile, apele și copacii. Prin urmare, ei trebuiau să respecte ciclurile naturii, dar, în același timp, să-și asume și responsabilitatea păstrării echilibrului pe care îl puteau distruge, căci erau total dependenți de el.

Dacă, până acum câteva decenii, știam că suntem dependenți de natură pentru că apa o luăm din râuri ori izvoare, lumina și căldura de la soare ori de la foc, fructele din copaci, semințele din grânele pământului muncit de noi și sănătatea din tincturile ierburilor ori rugăciunile vracilor, cu rezultate supuse inconștient selecției naturale, astăzi pare că lucrurile s-au schimbat. Avem impresia că am devenit independenți de natură, că resursele noastre nu mai vin de acolo. Acest gând ne gâdilă egoul și ne face să credem că suntem superiori naturii. Apa o luăm de la robinet; hrana, de pe rafturile supermarketurilor; lumina, din rețeaua de energie electrică; căldura, de la centralele termice și sănătatea, din știință. Am creat cu mintea noastră o bulă în univers care ne-a dus – credem noi – deasupra selecției naturale. Toate acestea au ridicat un zid între noi și viul ce ne înconjoară, care ne alimentează narcisismul și ne satisface nevoia de putere.

Însă, dacă am ieși o clipă din bula existenței noastre, am vedea că apa de la robinet vine din izvoare, că hrana de pe rafturi crește pe sol, că energia electrică vine din șuvoaiele de apă, adierile de vânt ori razele de soare, că centrala termică se hrănește cu gazul natural din măruntaiele Terrei și că sănătatea noastră, oricât de mult am îmbunătăți-o, se supune încă selecției naturale, care a făcut posibilă evoluția unor patogeni ce produc și azi boli incurabile.

În toată această poveste, realizăm că nu suntem cu mult mai independenți de natură decât eram acum 100 ori 100.000 de ani, ci doar mult mai inconștienți. Poate că nu vrem să acceptăm și să recunoaștem modul în care activitățile noastre, însumate de zeci de ani, intensifică efectele devastatoare ale încălzirii globale ori ale efectului El Niño. Am ajuns la un așa grad de egolatrie, încât ne e greu să acceptăm, chiar dacă am vrea, că indiferent ce am face tehnologia pe care o avem acum nu ne ajută în lupta cu aceste fenomene. De fapt, nu putem să ne protejăm nici măcar de efectele pe care noi înșine le-am declanșat în lupta noastră de a deveni superiori și independenți față de natură.

Casa mea – acasă sau oriunde pe Pământ

La începutul apariției noastre pe Pământ și multă vreme după, stăteam în peșteri sau la umbra stâncilor. Abia acum 10.000 de ani am început să construim adăposturi adevărate, săpând gropi în pământ și improvizând un acoperiș. În aceste case străvechi locuiau familii de 6-12 membri – iar asta se mai întâmplă și astăzi la triburile de masai din Africa de Est. Adăposturile de atunci erau menite să ne ferească de frig și ploi, pe un Pământ pe care îl împărțeam cu restul viului; Pământul ne era casă, iar bordeiul – adăpost. Aveam responsabilitatea fiecărui loc pe care pășeam, pentru că fiecare colț era o bucată din marea noastră casă, așa cum se întâmplă azi cu toți cei care mai trăiesc în triburile din junglele lumii.

Timpul a trecut și, încet-încet, am ridicat ziduri groase și înalte, care nu doar că ne izolează de frig și ploi, ci și de zgomotul lumii și de ceilalți oameni, ajungând astfel să facem din cei câțiva zeci de metri pătrați căminul nostru. Societatea ne învață că acel spațiu este proprietatea noastră, apărată prin legi și protejată de dreptul deplin pe care îl avem asupra ei. Casa noastră este doar a noastră, iar dincolo de asta mai avem unele drepturi, ceva mai restrânse, asupra teritoriului țării din care venim; țara noastră este proprietatea noastră și a mai multora și Pământul, al tuturor, dar fără drepturi propriu-zise asupra lui.

Însă toată această paradigmă se păstrează, are valabilitate, legitimitate doar într-un echilibru fragil, un echilibru în care sunt respectate anumite cutume, reguli și legi impuse de noi, oamenii. În caz de război, de confruntări armate sau acte de terorism, casa noastră, proprietatea noastră, poate să dispară într-o secundă și să rămânem pe drumuri în țara care poate, astfel, și ea să nu mai fie a noastră, a câtorva. Toate proprietățile date de oameni ne pot fi luate tot de ei, dar un singur spațiu, pe care nu ni-l dau alții, nu pot nici să ni-l ia: Pământul.

Realizăm astfel că lucrurile, în realitatea lor, în realitatea care depășește limitele datului social, stau taman invers de cum am crezut și că, în fapt, casa noastră poate deveni casa tuturor; dizolvându-se în hazardul situațiilor sociale, țara noastră, a câtorva, dispare și ea și putem rămâne, în final, doar cu Pământul. Planeta tuturor devine astfel Pământul meu, singura mea proprietate, pe care nimeni și nimic nu ne-o poate lua, așa cum pot fi luate toate celelalte. În consecință, nu avem siguranța nici a casei, nici a țării în care trăim, singura siguranță pe care încă o mai avem este a Pământului, căci el este casa și țara noastră.

Planeta Pământ s-a format cu 4,6 miliarde de ani înainte să apărem noi. Am evoluat sub legile care au guvernat dinamica hazardului din care venim și din care facem parte, iar acum vrem să schimbăm tot, să fim independenți și puternici, încercând să ne impunem propriile legi și reguli și să ne izolăm de tot fondul și substanța din care ne-am plămădit.

Poate că, în tot avântul nostru egocentric, ar trebui să ne luăm o clipă de răgaz, să ieșim din pădure, să urcăm muntele și, de acolo, de departe, să privim pădurea și să vedem că perimetrul ei nu se schimbă așa ușor, că pădurea rămâne aceeași, chiar dacă copacii mai cresc ori se prăvălesc la pământ și chiar dacă speciile de arbori din pădure se schimbă. O să ne dăm seama că un grup de arbori, oricât ar crește, nu va schimba structura unei păduri, căci pădurea este mai mult decât suma copacilor.

Știm de unde venim, dar oare povestea frumoasă a originii noastre, a relației noastre primordiale cu jungla este și parte din ceea ce suntem? Dacă ne uităm în jur, pentru unii pare că da; pentru alții însă pare că nu. Am plecat din același punct, ne-am răspândit în timp și spațiu și am devenit o specie a unui interval.

Omul ca specie a intervalului

Vechii greci credeau că undeva departe, în nordul Europei, există meleaguri unde trăiesc vietăți care în trecut locuiau și pe tărâmurile lumii elene. Socoteau că pe măsură ce călătoresc în spațiu călătoresc și în timp, în trecut. Astfel, pășind spre nord, pășești în sens invers prin istoria devenirii și evoluției. Poate că acesta este motivul pentru care călătoria mea m-a dus cu gândul la origine și evoluția noastră, a tuturor. Însă dincolo de asta, s-a activat în mine veșnica întrebare: cine sunt? Îmi amintesc că, după o discuție în care argumentam cu stoicism animalitatea din noi, acum doi ani, am primit următorul mesaj de la o prietenă: *Suntem ceea ce devenim.*

M-a obsedat o vreme această afirmație și am început s-o disec. Am înțeles că suntem o dinamică, ne construim într-o dinamică a devenirii noastre, dar, asemenea unei construcții care are o fundație, trebuie să existe o bază de pe care să devenim, ceva de la care s-a plecat, ceva comun în toți, ceva ce, până la urmă, ne aseamănă pe toți și ne face oameni.

Tot Agamben vorbește într-un eseu despre „viața nudă“, un concept al fenomenologiei, și despre fenomen și subiect. Subiectul este esența lucrurilor, fundamentul lor, iar fenomenul este devenirea lui, îmbrăcarea lui în concepte sau, mai bine zis, raportarea la el prin prisma conceptului. E într-o anumită măsură asemenea ideii prin care ne raportăm la un măr. Pentru mine, ca biolog, mărul este un fruct menit să disemineze o specie, e dulce fiindcă a acumulat zaharuri pentru ca mamiferele să-l mănânce și să-i împrăștie sămânța; pentru tata, mărul e un fruct, o sursă de venit și, pentru că e dulce, o sursă de „rachie“, un soi de catalizator al relațiilor sociale, un prilej de întâlnire și socializare cu prietenii. Din perspectiva asta, mărul rămâne, în esența lui, măr – ca subiect, dar ca fenomen e complet diferit –, analizat prin prisma a două concepte: al meu, ca biolog, și al tatei, ca proprietar de livadă.

Agamben spune că dacă vrei să ajungi la esența unui subiect trebuie să-l dezbraci de conceptele lui, așa cum a făcut Brâncuși cu pasărea. În pasărea lui se regăsește esența tuturor păsărilor, vezi în ea struții și rândunelele. Mi-am dat seama că așa e și cu noi, oamenii: omul ca subiect e învelit de conceptele mediului în care trăiește, dar dacă reușești să îl dezbraci de ele, poate întrezărești esența ființei lui.

Așa cum v-am mai povestit la început, noi, ca specie, am pornit din Africa, din mijlocul naturii; ne găseam adăpost în ea, ne înveleam cu ea și mâncam datorită ei, însă am început încet să ne izolăm, să ne construim adăposturi, iar în urmă cu câteva mii de ani, după unii – 6.000, după alții – 4.000, am început să ne construim ziduri, să ne închidem în cetăți. Am evoluat zeci de milioane de ani ca animale sociale, în grupuri restrânse, iar începând cu câteva milenii în urmă, ne-am înghesuit în orașe și metropole cu zeci de mii și milioane de oameni. Evident că aluatul nostru – creierul nostru și instinctele noastre –, programat în milioane de ani să supraviețuiască în grupuri mici, trece prin travaliul adaptării la socialul devenirii noastre.

Gândindu-mă la povestea speciei noastre, am intuit că esența noastră este, în fapt, ceea ce se păstrează comun atât la omul junglei sau al savanei, cât și la omul orașului, și ca să găsesc în mine asta trebuie să trec prin istoria formării noastre și să trăiesc contrastul viețuirii în jungla naturii și în jungla urbană. Am planificat astfel călătoria, începând cu șase zile de mâncat, dormit și trăit în jungla Amazonului, urmate de alte șase zile în jungla construită de noi. Mi-a fost greu să decid ce oraș să aleg, dar am ales două tipuri de jungle urbane diferite, care funcționează după legi diferite: am plecat în Los Angeles și de acolo, în Beijing.

Domesticirea speciei umane

Au fost șase zile de junglă. Am avut șansa să am camarad de drum un om născut și crescut în jungla Amazonului, am dormit în hamac, am mâncat orez fiert și am cules ciuperci și fructe din junglă. Din primele momente am înțeles că, în conștiința lui, a băștinașului, omul aparține junglei, și nu jungla aparține omului. Lipsește astfel acel simț al proprietății și, odată cu el, rar se simt toate angoasele pricinuite de nevoia de a avea. Lipsește simțul proprietății, dar asta nu face să lipsească și simțul responsabilității. Într-una din zile am vrut să-mi atârn hamacul de un copac mai subțire și, ca să nu cadă, aveam de gând să fac cu maceta o scobitură în scoarța arborelui, ca sfoara să stea strânsă pe el. Roberto însă mi-a spus imediat:

— Stai, nu-l ciopli, o să moară!

M-a oprit când am vrut să lovesc trunchiul – un copac subțire într-o junglă în care există miliarde de alți copaci. Nutrea un sentiment de responsabilitate față de acel copac, chiar dacă nu-i aparținea. Nu cred că l-a învățat nimeni asemenea lucruri, dar, ca adult, a conștientizat că atât copacul, cât și el – ca și mine și fiecare formă de viață de acolo – au aceeași energie: viața care s-a perpetuat de miliarde de ani odată cu prima formă apărută aici pe Pământ sau în alt punct din Univers.

Am impresia că noi, cei crescuți în jungla urbană, am pierdut acest simț al responsabilității și conștiința naturii, poate din pricină că ne-am izolat de ea și poate din pricină că, față de Roberto, care își găsește un loc în junglă sau, mai bine zis, jungla îi oferă un loc în ea, noi am distrus jungla și ne-am construit un alt loc, am modificat peisajul după bunul nostru plac, ca să putem funcționa mai bine și, astfel, ne iluzionăm cu ideea că suntem independenți și puternici.

Îl neliniștea și preocupa faptul că m-am pus pe drumuri singur, m-a întrebat ce m-a făcut să călătoresc, nu putea să conceapă nevoia mea de singurătate și mi-a spus că nu-i înțelege pe oamenii cărora le face plăcere să stea singuri. Lui îi era mereu dor de comunitate și se simțea mult mai bine înconjurat de oameni, pentru că el crescuse și trăise în tribul lui, un trib restrâns, unde fiecare se cunoștea cu fiecare. Așa cum am trăit milioane de ani ca specie, și lui îi plăcea să facă parte dintr-un trib și nu simțea nevoia să plece undeva de unul singur. Avea în el încă acel instinct ancestral al omului care știa că, depărtându-se de trib, era mult mai expus pericolelor, iar șansele lui de viață ar scădea pe cont propriu, de aceea căuta mereu protecția oferită de grupuri – că doar așa am evoluat ca specie socială. Eu însă, crescut în jungla urbană, între sute sau zeci de mii de oameni, îmi doream mereu să scap de aglomerație și de stresul provocat de ea.

Am crede că, din moment ce suntem animale sociale și preferăm să stăm în grupuri, cu cât crește grupul, cu atât ne simțim mai bine, însă lucrurile stau taman invers. Cu cât mărimea grupului crește, posibilitatea de a interacționa cu el, cu membrii grupului, scade. În consecință, eu, unul, am simțit nevoia să fug din jungla urbană, aglomerată și să caut singurătatea sau, mai bine zis, solitudinea, căci eram eu cu mine.

Totuși, societatea a evoluat în direcția în care sunt încurajate aglomerările urbane, cu milioane și zeci de milioane de oameni. În acest context, trebuie să găsești căi prin care să poți păstra atâția oameni – obișnuiți vreme de milioane de ani să trăiască în grupuri restrânse – înghesuiți în metropole apărute de curând. Măsurile pe care le aplică diferitele sisteme sociale schimbă, educă, modelează sau, mai potrivit spus, domesticesc oamenii. Îi îmbracă în conceptul civilizației și îi transformă.

Din experiența călătoriei mele, am înțeles că stresul provocat de aglomerație trebuie defulat – o cale a „libertății de manifestare“. Am descoperit pe o plajă din Los Angeles oameni care vindeau marijuana – totul era legal, se venea cu prescripție de la medic, oamenii o cumpărau și, pe toată plaja, în multe dintre stațiile de metrou și în unele baruri, simțeai miros de marijuana. Fumatul îi ajuta pe acei oameni să scape de realitatea în care trăiesc și să se relaxeze. O altă formă de defulare a stresului și a anxietății este sexul.

Pe lângă rolurile fundamentale pe care le are în ceea ce privește reproducerea, formarea unui cuplu și menținerea lui, sexul are un rol important în satisfacerea unei nevoi de explorare, statut și defulare de stres. Și în jungla Amazonului, și în L.A., oamenii fac sex ca să se reproducă, dar și pentru a se elibera de stres. Întrucât în jungla urbană stresul este mai pronunțat, au apărut locuri unde oamenii merg să facă sex în scop „terapeutic". Nu vorbesc de prostituție, ci mă refer la cluburile de sex, în care, seara, după ce au ieșit de la lucru, oamenii se pot duce doar pentru a scăpa de stres, frustrări etc. Este o diferență semnificativă între prostituție și sexul practicat în acest gen de cluburi, unde nu se plătește pentru plăcere, ci fiecare își alege parteneri pe care trebuie să-i „cucerească".

Aglomerația a dereglat și tot ceea ce înseamnă statutul social uman și succesiunea treptelor lui. Ajuns într-o companie, poți să lucrezi toată viața ta la același nivel, fără a evolua pe scara ierarhică, lucru care într-un trib nu se întâmplă; acolo se trece firesc, odată cu vârsta, de la un statut social la altul. În jungla urbană, statutul social este dat în mare parte de statutul profesional, care, după cum am spus, poate să nu se schimbe. Programați de milioane de ani de evoluție, avem în noi nevoia de a crește în statut și atunci, dacă nu putem din punct de vedere profesional, societatea modernă, cum este cea din L.A., a creat câteva cadre de defulare, și aici intră, pe lângă competițiile de alergat sau gătit, cluburi de hobby, secte religioase și sexul etc. Toate acestea funcționează în viața noastră ca o lume paralelă, construind astfel o realitate duală.

În cealaltă extremă, în Beijing, suntem domesticiți prin disciplină. Dacă în L.A. până și fumatul de marijuana poate fi privit drept o metodă de defulare, în Beijing pedeapsa pentru consumul de droguri este moartea, iar cluburile de sex sunt interzise. Era pază peste tot; mergeam pe stradă și vedeam, din 500 în 500 de metri, soldați țanțoși care mi-au și atras atenția de câteva ori când am vrut să scot aparatul să fac poze în spațiul public. Dacă în L.A. parcurile și piețele erau în spații largi, deschise, în Beijing parcurile erau închise între ziduri imense și, ca să ajungi în ele, trebuia să intri pe o poartă, păzită de armată. În plus, nici măcar internetul nu este un loc ferit de cenzură, Facebook-ul este interzis și, în consecință, orice manifestare în masă este imposibilă. Spațiul public, și într-o mare măsură cel privat, este controlat, iar oamenilor nu le rămâne decât să se defuleze în parade și serbări grandioase, organizate pe stadioane și controlate până la cele mai mici detalii de autorități, menite să imprime în mintea omului de rând că felul în care e domesticit e un lucru bun și că puterea hipertribului din care face parte e impresionantă. La prima vedere, toate acestea îți lasă impresia că puterea enormă a sistemului de care ești controlat îți dă o oarecare siguranță, că ești protejat, dar, în aceeași măsură, inconștient, te sperie și-ți blochează orice tentativă, fie ea și mentală, de reacție contra sistemului.

Ca să ne adaptăm societății de astăzi, am inventat două soiuri de grădini zoologice: una în care animalele au mai mult spațiu, libertate de mișcare și tot felul de „jucării" cu care să-și țină mintea ocupată și să secrete „hormoni de fericire" ca să facă față stresului, și alta în care animalele sunt închise în cuști înguste, cu gratii de oțel, iar frica e o măsură de înăbușire a stresului. Evident că în ambele grădini zoologice există oameni care iau atitudine și reacționează, ceea ce, după cum spun psihologii, ține de „toleranța la frustrare" a fiecăruia. Însă, încet-încet, ca prin selecție artificială, au trecere indivizii care răspund favorabil la domesticire, ceilalți fiind marginalizați și dați ca exemple negative. În ambele tipuri de junglă urbană, oamenii supraviețuiesc și se domesticesc din ce în ce mai bine, căci adaptabilitatea e o caracteristică a vieții, e parte din lumea vie.

Fundamentul speciei noastre

La sfârșitul acestei experiențe plină de contraste, mi-am dat seama că fiecare junglă a trezit în mine sentimente diferite și a mobilizat părți diferite ale structurii mele interioare. În Amazonia, am exploatat anumite valențe din ființa mea, distincte de instrumentele pe care le-am scos din mine ca să interacționez cu jungla din L.A. sau cu cea din Beijing. E un lucru firesc, m-am adaptat, iar adaptarea m-a făcut să mă schimb. Păream un alt om în fiecare loc și modul de interacțiune cu mediul din jur mă definea atunci, pe moment.

Provocarea finală a fost să găsesc în mine acele instrumente, acele părți pe care le-am folosit, le-am mobilizat, le-am activat și de care am avut nevoie în toate aceste medii, care m-au ajutat să mă adaptez și să supraviețuiesc. Dintre toate, acum realizez că au fost cel puțin două, două elemente care vin din ființa mea, din fundamentul speciei umane și care au fost activate indiferent de mediul în care m-am aflat, de jungla în care am fost provocat să supraviețuiesc: dragostea și umorul.

Când spun dragoste, mă refer la tot ceea ce înseamnă dragoste pentru oameni, pentru culori, pentru viață, pentru animale. Acea capacitate a ființei umane de a se conecta și proiecta, de a include și a se include, de a rămâne o identitate și de a deveni parte din ceva. Acea facultate prin care intră în relație, în comuniune cu sine, cu celălalt și cu lumea, posibilitatea de a se amesteca pentru a se crea și a crea, a se conserva și a se dărui, un fel de perspectivă brâncușiană asupra celor trei forme de dragoste: eros, agape și philia. Dragostea pentru păsări m-a mânat în mijlocul junglei, dragostea pentru oameni m-a dus în mijlocul Los Angelesului, pasiunea pentru întrebări despre viață m-a dus în toată experiența asta, iar dragostea pentru ai mei și pentru prieteni m-a făcut să mă întorc acasă, m-a motivat să rămân viu. Am căutat în fiecare junglă, fie ea pădure sau oraș, elemente la care să mă raportez cu dragoste; era ca o nevoie care mi se activa mereu în conștiință, căutam lucrurile care îmi plac și mă lăsam cuprins de starea pe care mi-o dădea descoperirea unui element nou, pe care-l găseam plăcut.

Umorul, de cealaltă parte, este capacitatea noastră de a vedea lucrurile dintr-o perspectivă a relativității care ne păstrează ființa în matcă și care o ajută să curgă peste albia cu bolovani. Umorul m-a ajutat să-mi depășesc fricile – glumeam pe seama atacului de panică avut în junglă și pe seama pericolelor care puteau să apară, făceam haz de faptul că m-am rătăcit pe zidul chinezesc sau în imensitatea Beijingului, făceam glume ca să deschid și să ușurez comunicarea cu oamenii străini pe care i-am cunoscut în L.A., așa cum astăzi tratez cu umor întrebările fără răspuns pe care le am. Mă gândesc mereu că sunt lucruri care trec pe lângă mine și, în ignoranța mea, le ratez sensul sau existența. Conștientizez că experiența călătoriei mele a fost mult mai mult decât pot eu să înțeleg și sunt sigur că multe dintre întâmplările avute le-am interpretat, poate, greșit; știu asta pentru că așa fac eu: de cele mai multe ori, trag de o ușă pe care scrie „împinge“.

Am înțeles acum în ce sens noi, oamenii, „suntem ceea ce devenim“: suntem o specie a unui interval, un interval dat de limita a ceea ce am fost când ne-am dat jos din copaci în Africa și a ceea ce vrem să fim când, puși în fața unei mese, ne gândim: „Oare în ce ordine se folosesc tacâmurile?! Dinspre farfurie sau înspre farfurie?“

Trăim împreună, în lumea asta mică, fiecare în jungla lui mai aglomerată sau nu, cu reguli diferite, chiar opuse și perspective străine unele de altele. Ca să putem rămâne împreună în pace cu noi și natura, e important să știm că în manifestarea vieții noastre suntem diferiți, adaptați la jungla în care ne-am născut și am crescut, dar în adâncul ființei noastre sunt câteva elemente pe care le avem toți și ele ne țin împreună, dincolo de aparențe. Dar viața și lumea sunt ceva dinamic, ca să putem rămâne împreună trebuie să găsim lucrurile ce ne aseamănă, însă ca să putem merge înainte și supraviețui trebuie să cultivăm și să acceptăm lucrurile care ne fac diferiți, căci diversitatea este o condiție a evoluției, o forță a ei și o caracteristică a vieții, reprezentând de fapt șansa apariției noastre pe Pământ.

Diversitatea – șansa apariției speciei umane

Dintre nenumăratele fenomene cunoscute până acum care construiesc, modelează şi definesc Universul, poate că cel mai fascinant este diversitatea lumii vii. Rămâne doar să ne uităm în jurul nostru și să încercăm să conştientizăm că aceeaşi energie vie care circulă prin noi există în toate bacteriile, plantele, gândacii şi celelalte organisme din jurul nostru, e practic aceeaşi viaţă.

Istoria diversității lumii vii

Date recente, din fosile descoperite în vestul Australiei, atestă existenţa vieţii pe Pământ de acum 4,1 miliarde de ani. Aceste forme de viață unicelulare se înmulţeau prin diviziune – dintr-o celulă se formau două celule. Tehnic, acest fenomen este numit „înmulțire asexuată", iar în acest caz materialul genetic al urmaşilor este, de cele mai multe ori, identic cu materialul părintelui. Înmulțirea asexuată, pe înțelesul tuturor, este un soi de clonare, întâlnită și azi în mod natural, la formele de viață unicelulare sau chiar la unele pluricelulare, specii de plante și, mai rar, de insecte, pești și tetrapode.

Viața a „supraviețuit“ pe Pământ, în acest fel, înmulțindu-se numai asexuat, 3 miliarde de ani până când, în urmă cu 1,2 miliarde de ani, s-a produs „minunea“, a apărut înmulțirea sexuată. Înmulțirea sexuată implică participarea a doi părinți la conceperea unui embrion. Fiecare părinte pune jumătate din informația genetică în constelația nouă de gene care se formează în urmașul lor. Dacă în cadrul înmulțirii asexuate embrionul era, de cele mai multe ori, identic cu părintele, în cadrul înmulțirii sexuate embrionul este diferit de ambii părinți și de ceilalți membri ai populației. Crește astfel foarte mult diversitatea. Acesta a fost momentul în care viața a explodat în diversitate și a cucerit fiecare colț de pe Terra. Diversitatea este combustibilul evoluției, naște indivizi din care selecția naturală „poate să aleagă“

Să luăm un exemplu: pe o insulă trăiește o populație de păsări strict specializate în hrănirea cu semințele unei plante care abundă. Populația de păsări este controlată de cantitatea de hrană, căci nu are prădători și paraziți; câtă hrană este, atâția indivizi supraviețuiesc în populație. Pentru că insula e undeva aproape de tropice, păsările nu trebuie să migreze și, pentru că nu au prădători, și-au pierdut capacitatea de zbor, lucru des întâlnit la multe specii de păsări care au ajuns și au evoluat pe insule. Nenorocirea face că o furtună puternică aduce pe insulă un gândac ale cărui larve mănâncă rădăcinile plantelor cu care păsările se hrănesc. În scurt timp, de pe insulă dispar toate plantele și, odată cu ele, multe dintre păsări. Mediul s-a schimbat, selecția naturală a acționat asupra indivizilor care nu erau adaptați. Dintre toate păsările, supraviețuiesc puține, și anume cele care au combinații de gene ce le ajută să digere și semințele altor plante. Păsările nou-rămase se înmulțesc, consumând semințele altor plante și ajung peste câteva generații să ocupe întreaga insulă, noua populație numărând la fel de mulți indivizi ca vechea populație.

Specia s-a păstrat, a supraviețuit schimbării datorită diversității. În populația inițială, păsările cu capacitate de adaptare la altă hrană erau puține la număr, minoritare și diferite de celelalte, dar acum sunt majoritare pe insulă și, datorită lor, specia a supraviețuit. Dacă toate păsările erau identice și puteau digera numai un singur tip de semințe, fără a exista unele un pic diferite, specia dispărea. În acest fel, datorită variabilității și, implicit, a diversității, au evoluat majoritatea formelor de viață de pe Pământ.

Viața evident că poate să supraviețuiască și într-o diversitate redusă, așa cum s-a întâmplat până la apariția înmulțirii sexuate, când variabilitatea era scăzută. Dar și atunci exista o oarecare diversitate, dată în mare parte de „greșelile" care apăreau când materialul genetic se copia în timpul diviziunii celulare. Așa cum se întâmplă astăzi cu unele bacterii, care se divid cu o viteză enormă și, în momentul multiplicării materialului genetic, greșelile de copiere duc la apariția de forme noi, unele dintre ele rezistente la antibiotice. Deci și în lunga perioadă dominată de reproducerea asexuată a existat diversitate, însă nu așa de mare ca cea adusă de reproducerea sexuată.

Ca să înțelegem rostul variabilității și, implicit, al diversității în lumea viului, să facem o scurtă trecere în revistă a evoluției lor. Viața a apărut acum 3,5–4,5 miliarde de ani, 2 miliarde de ani a fost unicelulară, până când au apărut formele pluricelulare, dar tot cu înmulțire asexuată, deci cu diversitate redusă. După 0,5 miliarde de ani de la apariția formelor pluricelulare, a apărut reproducerea sexuată care a cultivat diversitatea, iar după acest moment, ne-a trebuit numai 1 miliard de ani ca să apărem noi, oamenii.

Fără stimularea diversității, viața abia s-a organizat în 2 miliarde și ceva de ani de la forme unicelulare la forme pluricelulare simple, iar după stimularea diversității, în numai un miliard de ani s-a organizat în unele dintre cele mai complexe forme de viață cunoscute, care acum încearcă să se autocunoască și să se înțeleagă, noi și cu siguranță și alte specii pe care încă nu putem să le înțelegem.

Diversitatea formelor pe care le ia viața nu face decât să asigure perpetuarea și să-i crească șansele de supraviețuire într-un mediu aflat mereu în schimbare, pe o planetă a imprevizibilului, dintr-un Univers dinamic. Îmi amintesc cum, în jungla Amazonului, după prima noapte dormită în hamacul suspendat din mijlocul pădurii am scris într-o scrisoare așa: „N-am simțit niciodată forța, energia și puterea viului așa cum o simt acum, în mijlocul junglei. Poate că o să vină o vreme când specia noastră n-o să mai fie pe Pământ și în Univers, dar viața din noi și din toate o să continue să existe cât va exista Universul. Când noi o să încetăm să mai fim, viața asta, care a trecut și prin noi, o să meargă înainte."

O pădure de oameni

În diferitele prezentări pe care le țin copiilor ca să le trezesc interesul față de natură și față de conservarea ei, obișnuiesc să le arăt o imagine cu o pădure. Nu o pădure cum sunt acum mai toate pădurile rezultate în urma managementului silvic, cu arbori de aceeași vârstă, drepți, tineri și voinici, ci o pădure naturală, rezultată în urma managementului naturii.

Uitându-ne la copaci, vedem că mulți dintre ei au aceeași mărime și grosime, dar printre acești copaci majoritari există și unii groși și bătrâni, cu scorburi în care cuibăresc ciocănitorile și alte insectivore care protejează pădurea de invaziile insectelor dăunătoare. O pădure echienă, cu copaci „identici", fără scorburi, este o pădure fără prea multe păsări, expusă atacului dăunătorilor, care o pot distruge în întregime. Tot în scorburi cuibăresc bufnițele, care se hrănesc cu rozătoarele mici din culturile agricole ce împrejmuiesc pădurea și care, astfel, protejează culturile fără a fi nevoie de prea multe pesticide.

Din loc în loc, se vede câte un gigant doborât la pământ de vânt și de timpul care apăsa pe trunchi; din lemnul lui mort se hrănesc larvele insectelor, care au un rol important în lanțul trofic, precum și bacteriile și ciupercile, care transformă lemnul mort în sol, un sol fertil pentru puieții care tocmai răsar în luminișul creat de moartea bătrânului arbore, dar și pentru ceilalți arbori care acum alcătuiesc pădurea.

Cu cât este mai diversă, cu atât o pădure este mai sănătoasă, mai frumoasă și cu șanse mai mari să dăinuiască mii de ani. O pădure este asemenea unei clase de copii, unde unii dintre ei sunt mai înalți, alții mai scunzi, unii mai dolofani, alții mai sfrijiți, unii mai blonzi, alții mai bruneți, unii mai buni la mate', alții la română. Împreună, în diversitatea lor, sunt frumoși, și cu cât sunt mai diferiți, dar știu să lucreze împreună, să se poarte ca o echipă și să pună în valoare capacitățile fiecăruia, cu atât sunt mai eficienți și fac o clasă mai puternică. Iar o clasă de copii este asemenea unei societăți umane: cu cât suntem mai diferiți, mai eterogeni, dar știm să conlucrăm, cu atât suntem mai „frumoși", mai eficienți și mai greu de manipulat.

Prin noi, oamenii, curge aceeași energie vie ca prin restul ființelor vii de pe Pământ și, poate, din alte părți ale Universului, iar istoria vieții ne-a demonstrat că șansa apariției speciei noastre aici pe Pământ și a celorlalte milioane de specii cu care interacționăm a fost dată de afirmarea și stimularea diversității, sub toate formele ei. Diversitatea viului, a biologicului, a dus la apariția noastră ca specie, iar noi, oamenii, în diversitatea noastră, am dus la apariția unui alt plan, care pe lângă cel biologic îmbogățește enorm, esențial și fundamental universul existenței noastre – am creat cultura, planul cultural al existenței omenirii, care emerge din cel biologic, pe care îl completează. Am devenit astfel ființe ale unui dublu univers, biologic și cultural.

În următorul capitol o să încep să vă povestesc cum am descoperit și priceput, atât cât pot eu, acest univers cultural al speciei noastre, după întâlnirea mea cu lumea și jungla. Urmează, deci, câteva gânduri despre magie și imaginație, religie și etică.

Magie și fantezie – sau cum m-am transformat într-o pasăre

La prima vedere biologii, din tagma cărora fac parte, și restul scepticilor, uneori cu efort, alteori teribil de lesne, dar mereu cu o nonșalanță debordantă, încearcă să „ia praful de magie" al lucrurilor, să „dezvrăjească lumea", așa cum a spus Weber, sociolog și economist politic, atunci când știința a început să catalizeze mintea societății din America și Europa și specia noastră a făcut pasul spre industrializarea modernă, lăsând în urmă superstițiile.

Cu toate că folosesc des expresia „praf de magie", nu am crezut niciodată conștient în magie; spun „conștient" pentru că, dacă pe vremea când eram copil credeam că sunt un vrăjitor și eram convins că am puteri magice pe care nu le foloseam, pe măsură ce am crescut, ideea asta s-a evaporat din mintea mea și m-am resemnat cu gândul că sunt un om ca mai toți oamenii. Încet-încet, în devenirea mea ca om de știință, mi-am cultivat scepticismul și am devenit cât se poate de analitic, în așa măsură încât cred acum că pentru toate trebuie să existe o explicație științifică – biologică, fizică sau chimică.

În tot acest context, de-a lungul timpului am luat parte și uneori m-am implicat direct în ritualurile magice ale lumii din jurul meu. Îmi amintesc cum, proaspăt venită pe lume, nepoțica mea a ajuns acasă de la maternitate și, împreună cu sora și mama mea, i-am făcut baie. După ce tot momentul s-a terminat și Antonia era uscată și îmbrăcată în pătuțul ei, mama, o femeie cu capul pe umeri, cu picioarele pe pământ și sceptică, nu din interese științifice, ci din experiență de viață, mi-a spus să iau cădița cu apă și să o arunc la țâțâna porții. Când am întrebat-o de ce, mi-a spus simplu că așa se zice că trebuie făcut cu prima apă în care s-a îmbăiat pruncul, și anume că trebuie aruncată la stâlpul porții ca să nu plece copilul departe de casă.

Am luat cădița fără să mă gândesc prea mult și am plecat hotărât să o arunc pe trandafirii din curte. Plantele aveau mult mai multă nevoie de apă decât stâlpii porții. Ajuns în fața florilor, m-am oprit și, pentru că tot ce îmi doream era să văd lumea, am pornit spre poartă. Am lăsat cădița jos, am deschis poarta, am ieșit din curte, cu cădița în brațe, am traversat strada în drumul mcu inițiatic și i-am schimbat destinul copilului din casă într-un moment, cu un ritual pe care parcă cineva mă învățase să-l fac, aruncând apa pe un pârâu ce traversa satul și am zis: „Du-te și vezi Lumea!“ M-am întors în casă și, fără să spun nimănui nimic, fără să fiu întrebat unde am aruncat apa, am continuat seara ca și când nimic nu s-ar fi întâmplat.

Gândindu-mă acum la ce am făcut atunci, conștientizez că dacă, pe vremea când eram mic știam că sunt vrăjitor, însă nu făceam vrăji, odată ajuns adult m-am convins că nu sunt vrăjitor, dar tocmai făcusem o vrajă.

Cel mai semnificativ moment de magie din viața mea de până acum l-am trăit în junglă. V-am pomenit de el la începutul poveștii – eram deja de câteva zile în pădure cu Roberto și ne familiarizaserăm unul cu celălalt. Ziua se stingea încet și, după ce ne-am întins hamacele, am mâncat la lumina focului orezul fiert și ciupercile culese de noi de pe niște arbori căzuți. Mi-am dat seama că mai am puțin de stat în junglă, iar dacă o să rămân viu, o să vină ceasul să plec acasă. Îmi era dor de casă, însă nu voiam să părăsesc jungla. Toată ziua aceea îmi făcusem planuri și scenarii ca să pot să mai rămân: mă gândeam să-l rog pe Roberto să mă ia la el în trib, să-l ajut la munca pământului și la vânătoare, ori să fiu ghid pentru cercetătorii care vor să străbată jungla.

În oricare dintre situații, îmi trebuia un loc și o comunitate de oameni care să mă accepte și în care să mă integrez. Însă apoi mi-a venit un gând și, fără să cumpănesc prea mult, l-am întrebat pe Roberto:

— Există o plantă în jungla asta care să mă transforme într-o pasăre?

Asta în contextul în care, în zilele trecute, îmi arătase plante potrivite pentru fiecare nevoie umană. Roberto m-a privit drept în ochi, fără să respire, de parcă se speriase de întrebarea mea, și mi-a spus

— Există! Însă nu crește singură, trebuie s-o faci tu!

— Cum adică să fac eu o plantă? l-am întrebat mirat.

S-a ridicat de pe lemnul pe care stătea și, în lumina văpăii de foc, a început cel mai fascinant spectacol făcut de un om pe care l-am văzut vreodată:

— Trebuie să cauți un șarpe, unul gros ca bușteanul ăsta – și l-a numit într-un fel anume ca, mai apoi, să îmi dau seama că era un șarpe boa. Îl iei acasă și-l hrănești cu pui, după care-l ridici în spate și pleci cu el în junglă, mergi așa prin pădure până ajungi într-un loc cu copaci înalți, așa cum e ăsta în care suntem noi. Lași șarpele jos, îl întinzi și îi spui: „Cred în tine, mă supun ție, spune-mi tot ce știi!"

După care, în timp ce și-a ridicat mâna în care ținea maceta și a lovit-o de pământ, mi-a spus:

— Îi tai capul, acoperi șarpele cu crengi și frunze uscate și-i dai foc, stai lângă el până ce arde complet și după aia pleci spre casă. Peste trei luni, te întorci în același loc, îți întinzi hamacul și cauți dâra de pământ pe care s-a făcut sacrificiul, iar acolo ai să vezi că au crescut plante. Iei o frunză de la prima plantă crescută în locul unde a fost focul, ți-o pui pe piept și te culci. Faci așa cu fiecare plantă crescută pe cicatricea arsurii de pe pământ, până în dimineața în care ai să visezi că te-ai transformat într-o pasăre! Ține cont că, în tot acest timp, nu ai voie să mănânci nimic, ci doar să bei apă! Planta cu a cărei frunză te-ai visat pasăre e cea care o să te ajute să te transformi. Bagă de seamă că s-ar putea să dormi nopți întregi, să termini plantele și să nu fi visat nimic. Asta s-ar putea întâmpla fie din cauză că șarpele nu știa cum să facă vraja și, în cazul ăsta, ar trebui să cauți altul, fie din cauză că tu, peste noapte, ai visat, însă, ori pentru că nu erai pregătit să găsești răspunsul sau să suporți transformarea, ori pentru că nu ți-ai dorit destul de mult, ai uitat visul.

Îl priveam înmărmurit. Absorbit de poveștile și mișcările lui, vedeam plantele, șarpele sacrificat și dâra care a pârjolit pământul și, ca să mă aducă înapoi la realitate, mi-a zis:

— Tatăl meu mi-a povestit că a avut un prieten pe care l-a văzut transformându-se de câteva ori într-un jaguar, căci avea o asemenea plantă!

Era cât pe ce să-l rog pe Roberto să mergem să căutăm un șarpe, însă mi-am dat seama că n-aveam semnal în junglă și n-o pot anunța pe mama că nu mai vin acasă și, ca să nu se neliniștească, m-am decis să rămân totuși om. Până la urmă, și omul e tot un animal, un pic diferit de păsări, dar cu care împarte un strămoș comun.

Acum, când scriu, îmi vine în minte Cioran, care își dorea să se întoarcă prin regnuri, să fie iar animal, plantă și rocă, ca să-și piardă povara scepticismului și a conștiinței și-mi dau seama că eu, în seara poveștii lui Roberto, m-am întors în regn, m-am transformat în pasăre, iar pentru că mi-am pierdut scepticismul, l-am crezut pe Roberto, l-am crezut atât de mult, încât nu m-am gândit nici măcar o secundă că ar exista o altă posibilitate, că spusele lui ar putea fi chestionate în vreun fel, mi-am pierdut conștiința sinelui meu pentru că, din toată pădurea aia care forfotea, eu nu mai auzeam și nu mai vedeam nimic în afară de povestea șarpelui. Îmi dau seama că, dintr-o perspectivă cioraniană, eu am fost o pasăre.

Dar am fost o pasăre și din perspectiva unui biolog, căci, în ultima noapte din junglă, am dormit pe malul Amazonului, în hamac, și îmi amintesc cum, spre mijlocul nopții, m-am trezit, am deschis ochii și am rămas uimit. Era prima noapte în care vedeam stelele și Luna. Păreau atât de aproape de mine, încât aveam impresia că sunt mai aproape de ele decât de pământ, atârnat în hamacul suspendat între doi copaci, ca într-un cuib. Este una dintre imaginile care mi-au rămas în minte – atunci m-am simțit o pasăre, căci păsările poposesc în cuiburile ce le învelesc, atârnate în copaci, așa cum atârnam eu în hamac, au experiența apropierii de cer și depărtării de pământ, așa cum am avut-o eu și, pentru că sunt parte din natură, se hrănesc din ea, așa cum, în toate zilele din junglă, m-am hrănit cu ciuperci și fructe culese din jur. Realizez că eu, la întâlnirea cu jungla, m-am transformat într-o pasăre și că pădurea întreagă a fost planta magică ce mi-a îndeplinit visul.

Când povestesc prietenilor despre ritualul magic descris de Roberto, îl etichetez drept fantezie, tot așa cum cred acum despre ritualul cu apa ce a scăldat-o pe nepoțica mea la prima ei baie. Însă, pe măsură ce povestesc, îmi dau seama că atunci, în junglă, l-am crezut pe Roberto; tot așa cum, în seara băii, am crezut în ceea ce făcusem, simțeam că a fost magie. Cred acum că diferența dintre magie și fantezie o face spațiul sau timpul. Mai toată epopeea vieții noastre are loc în planurile realului și ale fanteziei, însă, uneori, când timpul ori spațiul vibrează sincron cu noi și cu tot ce-i în jurul nostru, fantezia trece parcă în realitate și atunci apare magia sau, mai bine spus, simțim magia.

Un prieten actor mi-a explicat cum teatrul de umbre a apărut atunci când un împărat de prin părțile Asiei și-a pierdut pe veci împărăteasa, de care era teribil de îndrăgostit. Chinuit de lipsa ei, a chemat un vrăjitor pe care l-a rugat să i aducă înapoi consoarta. Vrăjitorul a făcut un paravan de pânză și, în spatele lui, a reprodus silueta împărătesei, proiectând, cu o lumină, umbra ei pe țesătura albă. Regele, aflat de cealaltă parte a paravanului, se liniștea văzând umbra reginei și așa simțea că ea e încă lângă el. Oricât de sceptici am fi, e ușor să înțelegem de ce, în toată această poveste reală, era nevoie de un vrăjitor: pentru că doar un vrăjitor putea să facă din fantezia împăratului realitate.

Fantezia oamenilor de știință

În primele seminarii, la începutul semestrului, indiferent că sunt de anatomie comparată a vertebratelor ori de ecologie umană, încep să le vorbesc studenților despre teoria „fanteziei" aplicată oamenilor de știință. Le povestesc că, dincolo de faptul că „ceilalți" cred despre „noi", biologii, că suntem rigizi și lipsiți de creativitate și implicit de fantezie, noi știm că un biolog adevărat trebuie să fie, în primul rând, creativ, să fie un munte de imaginație.

Și mă apuc să le spun cum, într-un scenariu ipotetic, plimbându-ne prin pădure și văzând o floare mov, ne întrebăm de ce acea floare e mov și de ce nu este galbenă? Și, în acel moment, începe călătoria marii descoperiri. În primul rând trebuie să emitem câteva ipoteze, să ne imaginăm motive pentru care floarea respectivă e mov. Începem de la faptul că s-ar putea ca, în pădure, să fie un unicorn care vede doar florile mov, le miroase pentru că îi plac, și așa, cu nasul din floare în floare, le polenizează și le crește rata de înmulțire, până la ipoteze de genul celor în care, în perioada în care înflorește planta respectivă, sunt deja înflorite alte plante galbene, iar aceasta, fiind diferită de celelalte, atrage insectele care o polenizează și care, la fel ca unicornul, îi crește rata de reproducere. După ce, ajutați de fantezie, am construit zeci de ipoteze, intră în acțiune omul de știință din noi, analitic și sceptic, care acum începe să le testeze, cu observații și experimente, le argumentează pe cele posibil adevărate și le exclude pe cele posibil false. O minte analitică și sceptică nu s-ar putea mobiliza, dacă nu ar exista o minte creativă care să emită ipotezele.

Conștientizez acum că eu, biologii și ceilalți sceptici nu „dezvrăjim lumea", ci o învăluim într-un univers de magie, o „învrăjim“ teribil, dându-i o groază de posibilități de manifestare în care, la început, credem mai mult sau mai puțin, dar pe care, testându-le, le scoatem în lumină, ca mai apoi, în căutarea noastră continuă, să arunce „praful de magie“ peste alte întrebări și experiențe. Biologicul a generat astfel imaginația, iar imaginația a dus la apariția și fundamentarea planului cultural al existenței noastre. De cele mai multe ori suntem conștienți că unele lucruri există doar în spațiul imaginației, dar din experiența mea am priceput că nu este nevoie decât de un pas și mintea noastră acceptă imaginarul ca realitate, asta, după cum v-am povestit, cred că ține de o legătură neînțeleasă între timpul și spațiul în care are loc fenomenul.

Religiile pot fi un exemplu în care vremurile și timpurile au adus imaginarul în realitate. Poate că unii se vor simți ofensați pentru că vorbesc despre religie ca o integrare a imaginarului în real. Dar dacă sunteți creștini sau de orice altă religie a prezentului, cel mai probabil sunteți de aceeași părere cu mine dacă ne raportăm la mitologia greacă sau romană. Nu credem în existența zeilor din acea perioadă și punem pe seama imaginației poveștile despre ei. Mecanismele comportamentului nostru religios sunt complexe, însă cunoașterea a reușit să deslușească unele dintre ele și să le explice.

Religia – apanaj ori accident evolutiv?

Indiferent cât de complecși, evoluați și diferiți am crede că suntem în comparație cu majoritatea speciilor regnului animal, la o analiză de rezoluție mare o să conștientizăm că multe dintre comportamentele și manifestările pe care le credem particulare nouă le împărtășim cu restul animalelor non-umane. Tomurile de studii științifice ne demonstrează că și animalele, în felul lor, unele nu cu mult diferit de noi, iubesc, suferă, empatizează, produc și transmit obiceiuri culturale și comunică prin postúri, sunete sau creație plastică. Cu toate acestea, în lumea pe care o cunoaștem noi și care viețuiește astăzi, nu s-a găsit un animal care să manifeste un comportament religios complex.

Religia pare o caracteristică unică nouă, un comportament care ne diferențiază de restul regnului și care, pentru mulți, a fost un criteriu de definiție a speciei umane. Din perspectiva oamenilor de știință, existența acestei situații de excepție a născut un imens câmp de întrebări și spațiu de studiu. Biologi evoluționiști, antropologi, neurobiologi și etologi s-au întrebat și au scris despre acest fenomen, despre comportamentul religios.

Ontogenia comportamentului religios

Aruncând o privire peste marile religii ale lumii actuale, am rămas lesne cu două impresii care le caracterizează esența: parcă au fost construite din frica de moarte sau, mai bine spus, ca să rezolve angoasa morții, propovăduind existența unei vieți „de dincolo“ sau a mai multora și tind să se răspândească, uneori agresiv, de parcă ar vrea să satisfacă o nevoie de putere și de control asupra celorlalți.

Aceste gânduri orbitau în jurul conceptului de religie din capul meu până în momentul unui dialog avut cu Roberto, cel născut și crescut într-un trib din Amazonia. Ca să ajungem să putem discuta despre religia tribului său, a trebuit să urmez acel ritual inițiatic legat de împărțitul oului, deci al resurselor. Am aflat atunci că moartea, pentru ei, înseamnă sfârșitul total și că, după cum a spus el: „Când mori ești mort, adică gata! Nu mai exiști!“ Lucru care poate să ne pară ciudat, cu toate că, rațional, și pentru noi, și pentru lumea în care trăim, definiția morții dată de dicționar este similară: moartea înseamnă sfârșitul vieții.

Am descoperit atunci o religie nouă, una care nu se revelează decât celor din trib și care, spre deosebire de cele pe care le cunoșteam eu, nu încerca să se impună sau să se lase cunoscută nici măcar dacă cereai. Dincolo de asta, de particularitatea de a fi o religie adresată doar celor din trib, era o religie care acceptă moartea ca punct terminus al oricărei existențe. Religia lor fiind destinată doar celor din trib era deci o formă de definire a identității.

În mijlocul junglei, la lumina focului aprins parcă de Prometeu, am înțeles că religia e mult mai mult decât știam eu până atunci și că începuturile ei sunt vechi și, poate, diferite semnificativ de manifestările pe care le are acum, în lumea euroasiatică pe care o cunoșteam. M-am întâlnit atunci cu un soi de religie ancestrală, a oamenilor care trăiau într-un mic trib în mijlocul junglei. Poate că religia lor este mult mai apropiată de primele manifestări religioase ale oamenilor și că religiile pe care le cunoșteam eu până atunci, cu ritualurile lor, sunt doar niște forme noi, selectate social și adaptate lumii în care trăim.

Am început să caut să pricep comportamentul religios în esențialitatea lui. Ca să îl înțeleg, am împărțit problema în două întrebări, care țin de capacitățile și comportamentele umane ce construiesc mozaicul manifestării religioase: cum de specia umană are capacitatea de a imagina? Și cum este posibil ca unele dintre aceste povești să se transforme în mituri și să fie percepute de comunități întregi ca realități, transmițându-se în timp, vreme de mii de ani?

Anatomia comportamentului religios

Capacitatea de a imagina a creierului nostru pleacă, în principiu, de la o incapacitate a neuronului. Neuronii reprezintă celulele din care este format creierul. Aceste celule esențiale ale speciei umane sunt asemănătoare cu primii neuroni apăruți în timpul evoluției și prezenți la unele forme foarte primitive de viață, cum sunt, de exemplu, meduzele. În timpul evoluției s-a păstrat, în mare măsură, structura primară a neuronului, cu o capacitate limitată de procesare a informației și de funcționare. Cu toate acestea, organismele rezultate, mai evoluate din punct de vedere filogenetic, au ajuns să proceseze o cantitate de informație enormă, putând să se integreze în mediu și să evolueze spre forme inteligente, așa cum suntem și noi, oamenii.

În această situație, ca în mai toate celelalte, evoluția, din cauza unor legi care guvernează lumea vie, nu a mers spre dezvoltarea capacității neuronului, ci a păstrat structura de bază a acestei celule, însă a format rețele complexe de neuroni care, interconectați, cresc puterea de funcționare a întregului. Este, dacă vreți să spunem așa, ceea ce se exprimă proverbial prin sintagma: „Unde-s doi puterea crește".

Este, în principiu, același lucru la care s-a ajuns la nivel macro în cazul lupului. Dacă în natură, în principal, saltul prăzii are o lungime mai scurtă decât saltul prădătorului (de pildă, șoarece–nevăstuică, iepure–vulpe), în cazul lupului, lungimea săriturii lui este mai mică decât lungimea saltului unui cerb și, cu toate acestea, cerbul cade pradă lupului din cauza faptului că lupul nu vânează singur, ci s-a organizat în haite și poate, în acest fel, să compenseze incapacitatea de a sări mai mult. Este, în esență, și modul în care omul, organizându-se în societăți din ce în ce mai complexe, a putut să evolueze atât de tare.

În consecință, neuronii au trebuit să se înmulțească din ce în ce mai mult, ca să poată procesa cât mai multă informație. Mai bine zis, selecția naturală a păstrat formele care aveau tot mai mulți neuroni și le-a scos din competiție pe celelalte.

Mărimea creierului uman, dar și al multor altor organisme, este limitată la început de canalul de naștere. Creierul unui copil la naștere nu poate să fie dezvoltat la maximum, ca al unui adult, din cauza faptului că, dată fiind circumferința pe care ar avea-o, ar fi imposibil de expulzat din uter la naștere. Copiii necesită atenția și grija unor creiere mature, cum sunt cele ale părinților, până la momentul în care devin independenți, adică până când rețelele neuronale cresc prin formarea de sinapse (de legături de comunicare) între neuroni. Se consideră că un creier adult ajunge să fie format din peste 500 de trilioane de sinapse.

Unele sinapse se formează în mod natural, adică sunt dictate de informația existentă în genom, în ADN-ul individului, însă multe altele se formează în urma experiențelor. Copilul învață din experiențele lui; va ști, în urma faptului că s-a ars, să nu mai pună mâna pe ușa de la cuptor. Este necesar ca aceste experiențe să fie stocate undeva pentru a evita un alt accident care poate fi fatal. Astfel, în urma experiențelor noastre, creierul crește complexitatea rețelelor pentru a înmagazina cât mai multă informație. Se dezvoltă „memoria", care ne ajută în procesele de gândire, de înțelegere, de relaționare și corelaționare.

Experiențele noastre sunt vaste și multe dintre ele sunt uitate, pentru că uitarea este una dintre principalele capacități ale creierului. Cu toate acestea, ținem minte experiențele importante din viața noastră, fiindcă ele se structurează și se fixează în rețelele noastre de neuroni într-un mod extrem de complex, corelate cu alte experiențe din trecut. Ați observat poate că, atunci când legi o informație de una preexistentă, se fixează mai bine în memorie, ți-o amintești mult mai rapid și mai ușor. Informațiile trebuie corelate cu alte informații din trecut și, încă ceva foarte important, aceste informații trebuie corelate și cu emoții, negative sau pozitive. Dacă o informație este corelată unei stări de bine sau de rău, ea se fixează mai trainic în memoria noastră. Corelarea complexă a informațiilor prezente cu cele din trecut și cu emoțiile necesită o energie imensă din partea creierului. Din pricina asta, creierul fixează cea mai mare parte a informației atunci când scapă de o stimulare exterioară, când găsește un moment de odihnă, iar acest moment este somnul.

Somnul este perioada în care se înmagazinează și se fixează cea mai mare parte din memorie, un mecanism și rezultat al acestei fixări de memorie fiind visul. Dacă ați observat, atunci când aveți un text de memorat, vi-l amintiți mult mai bine după ce v-ați trezit din somn.

În general, informația se memorează după o schemă logică, prin formarea de legături treptate între neuroni. Ca să mă fac înțeles, o să folosesc un exemplu schematic: în fixarea unei amintiri, în memoria pe termen scurt, am format inițial legături de la neuronul A la neuronul B și, de acolo, la neuronul C, toate într-o succesiune de evenimente legate după o schemă logică. În timpul somnului, părți din eveniment se vor fixa în memoria pe termen lung. Procesul fixării se face pe căi mai scurte și apare o legătură de la neuronul A direct spre neuronul C. În acest moment, apar experiențele din vis, care sunt ilogice, dar pe care creierul nostru le trăiește în spațiul oniric de parcă ar fi reale. Din această cauză, creierul este capabil să perceapă povești care sunt ilogice, fiind capabil, în același timp, să și creeze povești ilogice.

Am văzut că, din pricina visului, creierul uman poate avea experiențe ilogice, rupte de realitatea cotidiană, dar folosind elemente din ea. La prima vedere, visele par a fi independente de voința noastră. Însă, după cum știm, avem capacitatea de crea unele povești intenționat, voit și conștient, nu în timpul somnului. Capacitatea de a nara este una dintre principalele funcții ale cortexului stâng, acesta legând informațiile între ele, pe baza experienței, iar datorită lui putem să povestim o întâmplare sau o poveste. Capacitatea sa de a nara, de a lega logic elementele, contribuie la supraviețuirea unui individ, căci, pe baza experiențelor avute în trecut, acesta poate face corelații și poate intui scenarii (în apărare, procurarea hranei) care îi cresc șansele de supraviețuire. Capacitatea narativă a cortexului stâng și trăirea avută de creier în timpul visului sunt principalele motive care dau speciei umane „calitatea de a crea imaginar".

Ați trăit oare experiența de a încerca să povestiți un vis pe care l-ați avut peste noapte? Dacă stați bine să analizați, o să vedeți că, de cele mai multe ori, nu vă amintiți tot visul, ci doar fragmente de vis, însă, fără ca cineva să vă ceară asta, ați început să povestiți visul, legând între ele fragmentele și făcând o poveste coerentă din câteva imagini pe care vi le-ați amintit. Ei bine, asta este dovada faptului că imaginile din timpul visului (care, de cele mai multe ori, nu au loc în scene coerente în creierul nostru) au fost legate în mod coerent (datorită capacității de a nara a cortexului stâng). Exact așa cum reușim să luăm câteva imagini din cadrul visului și să le legăm după o logică proprie, crezând până și noi că așa a fost visul, așa se nasc și poveștile despre lucrurile care ne înconjoară. Cortexul stâng (pentru dreptaci) sau cel drept (pentru stângaci) este poarta prin care iese din creierul nostru informația. Atunci când gândim, scriem sau vorbim, informațiile trec prin filtrul cortexului stâng, care se străduiește și să lege toate informațiile după o schemă logică.

Acestea sunt unele dintre motivele care au înzestrat specia umană cu capacitatea de a imagina și a nara imaginarul. Am putut să imaginăm mituri și religii, crescând și creând universul nostru cultural. Evident că, dincolo de acest rezultat, concretizat în artă, literatură și religie, această capacitate a creierului a fost păstrată și dezvoltată în timpul evoluției datorită faptului că ea crește șansele de supraviețuire ale unui individ. Un individ cu o capacitate ridicată de a imagina și a lega narativ evenimentele are șanse de supraviețuire mai mari datorită implicării celor două abilități în tot ceea ce înseamnă intuiție, corelare de idei și predicție de scenarii.

Dacă la baza comportamentului religios stă capacitatea de a visa și capacitatea de a nara prin vorbire articulată, atunci am putea deduce că orice animal capabil să viseze și să vorbească poate avea un comportament religios. Multe alte specii de animale visează, dar de vorbit articulat, astăzi numai noi o facem; însă, în trecut, a mai existat o specie, diferită de specia noastră, care putea să viseze și să vorbească – *Homo neanderthalensis* sau omul de Neanderthal, dispărut acum 40.000 de ani, un fel de văr primar cu noi, căci provenim dintr-un strămoș comun, *Homo erectus*.

Dintre toate speciile de *Homo*, doar noi, *Homo sapiens*, și *Homo neanderthalensis* vorbim și am vorbit articulat. Datele antropologilor confirmă faptul că religia a apărut odată cu vorbirea, că cea mai veche manifestare religioasă a unei specii de animal aparține oamenilor de Neanderthal, fiind descoperită în Irak și datând de acum 60.000 de ani, când aceștia au decorat un mormânt cu șapte specii de flori cu valoare economică, medicinală și sacră. Mai recent chiar, desene rupestre au fost atribuite omului de Neanderthal, ceea ce argumentează capacitatea acestei specii de a crea cultură și, implicit, religie.

Din câte cunoaștem până acum, am înțeles cum este posibil să imaginăm și să creăm mituri pe care să le narăm prin istoria culturii noastre. Dar religia înseamnă mai mult decât imaginație și poveste: religia înseamnă ritual, comportament religios, comunitate, credință, care se situează undeva la limita dintre impuls și nevoie. Ca să înțelegem, în fapt, cum am ajuns noi, oamenii, să credem în miturile imaginate de noi sau de alții și cum am ajuns să construim un întreg eșafodaj de ritualuri și comportamente religioase, trebuie să ne întoarcem cu mult în timp în urmă, în mările vechi, pe vremea în care nici oamenii, nici alte mamifere nu apăruseră încă în dinamica evoluției.

În acele ape, relațiile dintre animalele mai evoluate pentru acea vreme, cum sunt peștii, erau ordonate de un hormon al interacțiunii sociale numit vasotocină. În momentul în care doi sau mai mulți indivizi dintr-o specie sau din specii diferite se întâlneau, în organismul lor se secreta acest hormon care, instinctiv, le dădea o stare caracterizată de sintagma „luptă sau fugi", un stres de interacțiune. De cele mai multe ori, animalele se ocoleau și se ascundeau unele de altele; interacțiunile directe aveau loc mai cu seamă în perioada de reproducere, când hormonii sexuali inhibau acest hormon de stres și animalele se împerecheau.

În lumea ancestrală a apărut o mutație simplă în materialul genetic ce codifică acest hormon și, astfel, vasotocina s-a transformat în isotocină, un hormon ce are efect diametral opus. În momentul interacțiunii dintre doi indivizi, el scade temporar starea de stres. Ca majoritatea mutațiilor genetice ce au efecte asupra structurii pe care o codifică, și această mutație putea să dispară încet-încet din populație, eliminată fiind de selecția naturală, sau să se răspândească în generațiile următoare. Mutația s-a perpetuat pentru că animalele care nu mai erau stresate în momentul întâlnirii lor aveau șanse mult mai mari să se reproducă decât celelalte. Lupta dintre doi indivizi care secretau vasotocină s-a transformat în hârjoneală odată cu secreția isotocinei. Astfel, indivizii care secretau acest hormon, rezultat al mutației, s-au înmulțit cu o rată mai mare decât ceilalți, au ajuns majoritari în populație și, avantajați de selecție, au exclus ceilalți indivizi.

Asta s-a întâmplat la pești și reptile, însă, pe măsura evoluției, în lumea mamiferelor isotocina s-a mai modificat în structura ei chimică, s-a transformat în oxitocină, dar a păstrat aceleași funcții. Când doi oameni se întâlnesc, secretă o anumită cantitate de oxitocină, astfel încât cu cât interacțiunea este mai puternică, cu atât secretăm mai multă. De exemplu, îi percepem mult mai calzi și mai prietenoși pe oamenii care, atunci când îi salutăm, ne strâng mâna cu ambele lor mâini, ca într-o îmbrățișare. Avem această senzație pentru că secretăm mai multă oxitocină decât în cazul unei strângeri de mână obișnuite.

Acest hormon, la specia noastră și la celelalte specii de mamifere, mai cu seamă la cele sociabile, pe lângă multe efecte pe care le are, scade intens agresivitatea. El se secretă puternic atunci când doi indivizi se mimează. Ați văzut, poate, unele specii de cerb sau de muflon care nu se luptă direct, ci, la început, intră într-un soi de ritual în care fac mișcări sincrone, ca să mai reducă din agresivitatea interacțiunii, așa cum facem și noi când, inconștient, mimăm o altă persoană. Dacă stăm cu cineva la masă și ridică ceașca de cafea, inconștient o ridicăm și noi.

După ce se secretă oxitocină, pornind de la ea, se secretă serotonină, un hormon al fericirii care reduce anxietatea, ne face să ne simțim bine, dar, într-o cascadă de reacții, se mai secretă și dopamină, un hormon care ne face să repetăm experiența. Este hormonul dependenței, fiind implicat în dependența de droguri sau de ciocolată. În acest fel, devenim dependenți de interacțiuni sociale și acesta este, oarecum, unul din secretele evoluției noastre: am devenit dependenți de social și am putut evolua mult mai rapid și mai în siguranță decât solitari. La fel ca în cazul neuronilor, un grup de oameni are capacități mai complexe decât un singur individ.

Ca să rezum – oxitocina se secretă atunci când interacționăm cu celălalt, iar dacă celălalt ne mimează, secretăm și mai multă oxitocină și asta ne face fericiți, datorită serotoninei. Dar ce se întâmplă când interacționăm cu mai mulți și când toți ne mimează? Atunci trăim o baie de oxitocină! De la începutul apariției noastre pe Terra, ca făpturi sociale, oamenii s-au strâns și s-au mimat inconștient în cadrul ritualurilor și al dansurilor de grup din triburi, iar baia de oxitocină la care se supuneau închega grupul și fericea pe membrii lui. Același lucru se întâmplă și astăzi în mai toate religiile lumii: oamenii participă la ritualuri în care se sincronizează în mișcările lor și, astfel, secretă oxitocină, după care secretă serotonină și se simt mai liniștiți, căci e anxiolitică, precum și dopamină, care îi face să repete ritualul, îi face dependenți.

Ritual religios și plăcere sexuală

Studii de neurobiologie din ultimul deceniu au demonstrat că trăirea religioasă este uneori atât de puternică, încât poate să dea stările resimțite în timpul unui orgasm sexual. Centrii din creier, excitați în timpul ritualului religios, se suprapun cu mare parte din centrii excitați în timpul actului sexual și astfel, uneori, poate să apară, în timpul ritualului religios, plăcerea similară unui orgasm sexual.

Iată mărturia[1] Sfintei Tereza de Avila după trăirea unei experiențe mistice: „În mâinile sale am văzut o suliță lungă de aur și, la vârf, mi s-a părut că văd un grăunte de foc. Cu el mi s-a părut că-mi străpunge inima de mai multe ori, pătrunzându-mi până în măruntaie. Când a scos-o, am crezut că mi le smulge odată cu ea și m-a lăsat toată arzând de o dragoste nesfârșită pentru Dumnezeu. Durerea a fost așa de vie că m-a făcut să scot mai multe gemete ascuțite și așa de plăcută a fost dulceața pe care mi-a lăsat-o acea durere adâncă, încât aș fi vrut s-o păstrez pe veci". Tot sub influența altor trăiri mistice, aceasta mărturisește că: „Adeseori, Hristos îmi spune: «De acum, Eu sunt al tău și tu a Mea»".

Dintre cele două sexe ale speciei noastre, se pare că femeile simt cel mai puternic plăcerea ritualului religios, după cum spun studiile, indiferent de religie. Acest lucru se întâmplă tot din cauza hormonilor. Oxitocina este inhibată de testosteron. Testosteronul este un hormon ce se secretă în cantități mari la bărbați, crește agresivitatea și le potențează nevoia de statut, de dominare. Acest lucru se întâmplă din cauza selecției naturale. Căci, dacă masculii

1. Benedict Zimmerman, *Life of St. Teresa of Jesus*, Benziger Brothers, New York, 1916, p. 266 (tr. mea).

nu ar secreta testosteron care să inhibe oxitocina, atunci când un alt mascul ar veni pe teritoriul lor, aceștia, din lipsă de agresivitate, nu ar putea să își apere teritoriul, femela și progeniturile. Dacă privim la mai toate religiile lumii de azi, hormonii sunt cei care împart oamenii în lăcașurile de cult. Bărbații, sub impulsul testosteronului, din nevoia de statut si dominare, sunt în fața altarului, sunt sacerdoții, cei care domină și controlează ritualul, iar femeile sunt cele care participă la acest ritual, făcând ritualul sincron și trăind experiența lui.

Religia ca rezultat al hazardului

Se pare că, dincolo de toate, comportamentul religios este complex și are valențe în multe din capacitățile și manifestările noastre ca specie. Acest comportament e posibil datorită capacității noastre de a visa, de a imagina, capacitate care, primar, are funcția de a fixa memoria. Dar și datorită vorbirii articulate, capacitate care, în mod primar, are funcția de a crește rata de supraviețuire prin organizarea grupului și transmiterea informațiilor. Religia s-a perpetuat de-a lungul timpului și și-a făcut loc în toate comunitățile din pricina liniștii pe care o provoacă după secreția oxitocinei și a serotoninei, precum și a dependenței pe care o dă secreția de dopamină. Secrețiile acestor hormoni îmbunătățesc coeziunea grupului și dau individului dependență de grup, ceea ce îi crește șansele de supraviețuire. Căci mult mai multe șanse ai să supraviețuiești într-un trib decât singur în savană. Pe lângă toate acestea, suprapunerea cu unii centri ai excitației sexuale și ai nevoii de statut fac din comportamentul religios un spațiu de defulare și satisfacere a unor nevoi.

Putem spune că religia – comportamentul religios – a apărut ca un accident evolutiv, s-a format din suprapunerea accidentală a mai multe planuri din creierul nostru. Astfel, suprapunerea planurilor de stocare a informației cu capacitatea de a visa, cu nevoia de statut, caracterul social și universul sexual a născut un comportament nou, care își ia valențele din toate celelalte – comportamentul religios. E ca o nouă culoare apărută în urma unui amestec de mai multe culori.

Grupul și discriminarea

Oxitocina crește coeziunea grupului, astfel încât îi dă o individualitate, iar individualitatea aceasta îl separă de alte grupuri. Religia lui Roberto era destinată doar celor din grup, era o formă de identitate, dădea identitate individului și grupului, lega astfel individul de grup. Omul se percepe existând în cadrul grupului, astfel capătă o dependență față de grupul din care face parte, și nu față de altul. Astăzi, când nu mai există triburi în spațiul în care trăim noi, nevoia de oxitocină ne împinge spre căutarea lor și de aceea ne găsim grupuri din care să facem parte. De aceea ne înconjurăm de oameni cu aceleași hobby-uri, mergem la petreceri unde se ascultă anumite genuri de muzică, facem parte din galerii care susțin diferite echipe sportive sau ne integrăm în diverse grupuri religioase. Apartenența la un grup ne face să secretăm oxitocină și ne satisface nevoia de a aparține unui trib. Dar, în același timp, această apartenență ne diferențiază de alte grupuri, ne determină să apărăm valorile grupului nostru ca să îl individualizăm cât mai mult și, astfel, apare discriminarea celuilalt, care vine din alt grup, din alt trib.

Noi suntem dependenți de grup, grupul din care facem parte ne oferă bine-venita doză de serotonină și nociva doză de dopamină, iar dacă grupul nostru dispare, dispare odată cu el și fericirea noastră. Ne apărăm grupul, tribul, echipa sau religia și le apărăm uneori cu agresivitate, direct proporțional cu dependența pe care o avem față de ele. Așa se iscă discuțiile în care valorizăm excesiv hobby-ul nostru și considerăm că e mult mai important decât al altora, pentru că pe noi ne împlinește; ne susținem echipa sau religia uneori până la limita absurdului, ceea ce se poate transforma în acte de vandalism sau terorism. Acestea din urmă însă nu au în spate credințe și obiective religioase, ci folosesc comportamentul religios drept unealtă pentru atingerea unor obiective politice, economice etc.

Omul religios și omul credincios

Dacă suntem cu toții din aceeași specie și dacă în proporție de 99% avem creierul similar, înseamnă că toți avem în noi capacitatea de a manifesta comportament religios și suntem, în fond, prin structura noastră, ființe religioase. Avem capacitatea de a naște mituri, de a participa la ritualuri religioase, de a căpăta o dependență de ele și de a ne simți satisfăcuți de acest comportament. Și așa este, toți oamenii, cu unele excepții poate, date de hazard și mutații, suntem oameni religioși, dar nu toți suntem credincioși. Avem capacitatea de a crea o religie și de a ne implica în ea, dar unii dintre noi, văzând dincolo de toate acestea, nu o percepem ca pe o realitate, nu credem.

Cioran, într-o scrisoare către Jeni Acterian, a surprins această nuanță dintre a fi religios și a fi credincios: „Defectul nostru este că avem destulă pasiune pentru a ne apropia de El, dar nu destulă naivitate pentru a crede".[1] Indiferent că suntem sau nu credincioși, comportamentul religios, spațiul mistic și universalitatea conceptului de mit sunt, poate, printre puținele energii care au mișcat atât de puternic și decisiv specia umană de la apariția ei pe Terra. Cred cu tărie că, indiferent cât de mult o să fie studiate și indiferent câte lucruri vor fi explicate, comportamentul religios, dragostea, moartea și timpul o să rămână unele dintre subiectele care vor fascina oamenii atâta vreme cât mai au privilegiul existenței în Univers.

În ochii unui biolog nu există bine și rău, există doar moduri în care oamenii se folosesc de unele capacități sau lucruri. Forța comportamentului religios este una extremă și această forță poate să construiască enorm, la fel cum poate să devasteze colosal. Din acest motiv, în analiza comportamentului religios din perspectiva unui biolog, religia poate fi caracterizată ca „apanaj evolutiv" ori ca „accident evolutiv". Gândindu-mă la toate acestea și traversând jungla, împreună cu Roberto, am început să mă întreb în ce fel, oare, religia în care m-am născut, creștinismul, a modelat de-a lungul timpului din punct de vedere cultural raportarea noastră la natură?

---

1. Jeni Acterian, *Corespondență – „Fiecare rând e o infernală suferință"* (Emil Cioran către Jeni Acterian, Paris, 29.III.1938), Editura Vremea, București, 2019, p. 25.

Creștinismul și natura

Acum mai bine de cincizeci de ani biologul marin Rachel Carson publica *Primăvara tăcută*, o carte ce propune un scenariu întunecat asupra viitorului biodiversității de pe Terra, schițând fundamentele și punctele din care, în următoarele decenii, se vor contura toate celelalte dezbateri legate de modificările climatice, încălzirea globală, ecologia umană și criza biodiversității. De ceva timp, toate aceste dezbateri au ajuns în spațiul public: în sfera politicului, în mass-media etc. În plus, unii dintre mai-marii bisericilor creștine, dar și membri obișnuiți ai clerului au făcut în ultimii ani declarații publice sau le țin predici credincioșilor despre criza cu care se confruntă azi natura.

Se împlinesc curând zece ani de când sunt implicat în programe și proiecte ce vizează informarea publicului larg cu privire la problema impactului antropic asupra mediului. Însă, indiferent cum îmi structurez discursul sau activitățile, este un punct în care mesajul meu, cu foarte puține excepții, nu ajunge în profunzimea lui la cei cărora mă adresez. E adevărat că, indiferent de vârstă sau pregătire, oamenii înțeleg că se poluează, înțeleg că speciile dispar, că solul, apa și aerul devin din ce în ce mai neprietenoase vieții, că natura se îmbolnăvește, că noi suntem principalii vinovați și trebuie să facem ceva. Trebuie să o protejăm, nu doar pentru că este casa noastră, spațiul din care ne luăm resursele, un spațiu exterior nouă, ci pentru că noi suntem natura, parte componentă ei și că nimic nu ne poate delimita de ea. În acest context, le reamintesc mereu celor care mă ascultă că noi, oamenii, suntem diferiți prin manifestări de celelalte elemente ale naturii, așa cum și ele se deosebesc între ele prin modul de a se manifesta, dar în esență și noi, și toate celelalte suntem egali. Când dau un exemplu concret și spun că noi suntem diferiți prin manifestări de trestia pe care o ardem, dar în esență suntem egali cu ea, oamenii, de cele mai multe ori, zâmbesc și mă privesc cu compasiune.

Nu doar eu, ci zeci de mii de oamenii implicați în conservarea naturii au adus argumente cât mai convingătoare ca să ne facă să înțelegem că natura suferă și resursele devin tot mai limitate; și-au structurat discursul ca să ne poată sensibiliza, au scris cărți și au filmat documentare. Astăzi știm toate acestea, însă întregul lor demers s-a blocat într-un punct de nuanță în care pare imposibil să faci omul să conștientizeze care e de fapt locul lui în Univers, undeva printre toate celelalte, și nu deasupra tuturor. Asta pentru că nu ne mai luptăm cu o stare de moment, ci cu istoria unei deveniri culturale, o odisee a construirii conștiinței comune modelată timp de 2.000 de ani, în care omul a fost învățat că „undeva, cândva, *in divinis*, la facerea lumii" a fost pus stăpân peste toate câte sunt.

În istoria îndepărtată a civilizațiilor umane, religia a ținut locul filozofiei. Cei care aveau autoritatea să vorbească, să gândească și să explice realitatea în care trăiau erau preoții ori vracii comunității. Aceștia percepeau lumea din perspectiva zeilor ai căror mesageri sau intermediari erau, nu prin prisma rațiunii cu care erau înzestrați. Organizarea oarecum democratică a Greciei antice a făcut posibilă apariția filozofiei, a unui spațiu în care locuitorii cetății participau direct la discuțiile publice, unde se dezbăteau diverse subiecte și unde fiecare putea aduce argumente sau contraargumente unei idei. În acest context apare stoicismul, un curent filozofic bazat pe rațiune și detașat de superstițiile religioase și mistice ale vremii.

Stoicismul este unul dintre cele mai influente curente filozofice din cultura umană. Filozofii stoici descriu universul ca un ansamblu de elemente interconectate între ele și organizate într-o perfectă armonie și ordine. Universul, numit „Cosmos", era văzut de grecii stoici drept „divin" (*theion*), impresionant de frumos. Conceptul de „divin", impersonal, obiectiv, în accepțiunea grecilor antici urmează să fie convertit în divinul și dumnezeiescul creștin, personificat în ființa lui Dumnezeu. Tot acest cosmos armonios imaginat de stoici avea propriile legi după care funcționa, ele reprezentând înțelepciunea universului, logosul (termen care stă la baza cuvântului „logică"), concept ce va fi și el personalizat de creștini și folosit pentru a-l reprezenta pe Iisus.

Stoicii vedeau omul ca o parte componentă din acest univers, care nu face decât să urmeze legile lui. Se naște din materia universului și, murind, materia care l-a format se-ntoarce iar în Univers, într-o altă formă de existență. Această idee descrie circuitul materiei în natură, ciclu cunoscut în amănunt astăzi, în urma cercetărilor științifice. Știm că, atât de-a lungul vieții, cât și după moarte, materia circulă prin noi, atomii de carbon și toate celelalte elemente fiind încet-încet înlocuite într-un schimb permanent cu mediul în care trăim, urmând ca, la moartea noastră, corpul să fie descompus total și materia din care am fost formați să intre în alcătuirea altor structuri vii sau nevii din Univers.

Epictet, un stoic, surprinde eternitatea materiei din care suntem formați și finitudinea ființei noastre, spunând despre moarte că „nu treci de la ființa actuală la neființă, ci la neființa ființei actuale"[1], iar Marcus Aurelius explică: „Exiști ca parte. Vei dispărea în cel care te-a zămislit sau, mai degrabă, vei fi absorbit, conform schimbării, în rațiunea seminală a acestuia".[2] Omul era văzut astfel ca parte a ciclului naturii, componentă a cosmosului, deloc diferită prin natura sa de celelalte elemente.

Creștinismul și antropocentrismul

O parte dintre filozofii stoici s-au „convertit" la creștinism și, odată cu ei, au început să „convertească", să „adapteze" ideile stoice la dogmele creștine. Astfel, frumusețea și armonia universului au fost atribuite unei ființe exterioare lui, Creatorului mitic, lui Dumnezeu, iar logica și legitățile după care funcționează tot acest cosmos au fost atribuite

1. Les Stoïciens, *La Pléiade*, Gallimard, Paris, 1978, p. 1030 (tr. mea).
2. Marcus Aurelius, *Gânduri către sine însuși*, Humanitas, București, 2020, p. 50.

unei ființe umane, lui Iisus, un om în care s-a întrupat Dumnezeu – Logosul. Creştinismul împrumută și converteşte doi termeni din stoicism: *theion* – Dumnezeu, divin şi *logos* – cuvântul lui Dumnezeu, Hristos. Debutul Evangheliei lui Ioan descrie întregul curs al acestei idei: „La început a fost Cuvântul (logosul) şi Cuvântul era la Dumnezeu (*theion*) şi Dumnezeu era Cuvântul. Toate prin El s-au făcut; şi fără El nimic nu s-a făcut din ce s-a făcut". Dacă aceşti termeni nu ar fi personalizați şi nu ar fi atribuiți unei ființe exterioare universului, atunci afirmația ar fi, în totalitate, stoică. Trecerea la creştinism se face cu următorul text „Şi Cuvântul S-a făcut trup şi S-a sălăşluit între noi şi am văzut slava Lui"; toată înțelepciunea acestui Univers s-a întrupat într-un om.

Pentru stoicii din acea vreme era de neînțeles cum cineva poate să-și permită să afirme că întreaga înțelepciune a universului este deținută de un om și să susțină că acesta este „trimis" de cosmosul însuși, un Dumnezeu, o ființă exterioară universului.

Dacă până atunci omul era parte a naturii, faptul că a fost ales de Dumnezeu, dintre toate elementele Universului, să fie purtător al înțelepciunii cosmice, specia în care s-a întrupat logosul, l-a ridicat pe om, în conştiința sa, deasupra tuturor celorlalte elemente ale Universului. Cultura iudeo-creştină promovează astfel, prin texte vechi testamentare, de la geneză şi până la textele neotestamentare, la Apocalipsa lui Ioan, superioritatea omului față de animale și față de celelalte elemente exterioare lui. Dacă toate animalele au fost făcute „prin cuvânt", omul a fost modelat din țărână și Dumnezeu a suflat peste el „suflare de viață", instituindu-i astfel vieții omului o altă valoare, net superioară celorlalte viețuitoare non-umane. Omul a fost făcut după „chipul lui Dumnezeu“, asemuindu-se astfel cu Dumnezeu, cu creatorul, spre deosebire de cealaltă parte a creației.

Iubirea pentru oameni și pentru animale

Stoicismul vedea în iubire, în atașament, o capcană a neantului și a nefericirii, pentru că toate sunt pieritoare. Conform gândirii stoice, atașamentul puternic de orice element viu sau neviu, fie el și om, era desconsiderat și trebuia evitat. În tot acest context creștinismul aduce o nouă viziune, instituind dragostea ca sentiment de bază al existenței umane și scoțând omul, cu tot cu trup, din destinul fatalist și efemer pe care-l avea până atunci. Astfel creștinismul, prin moartea și învierea lui Hristos, promite o moarte și o înviere, cu tot cu trup, un trup transfigurat, a tuturor creștinilor, a tuturor celor care „iubesc și trăiesc în Dumnezeu“. Omul poate să iubească desăvârșit un alt om, poate să se atașeze de acesta pentru că, după moartea sa, se vor revedea în eternitatea promisă de Dumnezeu, spre deosebire de celelalte animale care vor pieri odată cu restul creației nonumane.

În istoria formulării dogmelor și a învățăturilor creștine, au existat voci care au spus că nu doar omul va fi transfigurat, nu doar trupurile oamenilor vor învia, ci și întreaga creație. Aceste afirmații se bazează pe un pasaj din Epistola către Romani a Apostolului Pavel, în care toată făptura „așteaptă cu dorință înfocată descoperirea fiilor lui Dumnezeu“, pasaj ce nu surprinde foarte clar participarea directă a întregii creații la transfigurare. Un alt pasaj vechi testamentar, care ar argumenta transfigurarea întregii creații se găsește în Isaia, când se vorbește despre pacea universală: „Lupul va locui împreună cu mielul și pantera se va culca împreună cu iedul [...] nu se va face nici un rău și nici o pagubă pe tot muntele Meu". Însă majoritatea părinților bisericii și toate interpretările acceptate vorbesc aici de o alegorie, de o metaforă, în care animalele nu sunt decât popoare, neamuri de oameni sau tipologii umane care, de-a lungul existenței lor pe pământ, nu s-au înțeles în pace și se vor înțelege după transfigurarea de la Apocalipsă.

De-a lungul secolelor și până astăzi, dogma creștină s-a construit ca una antropocentristă. Unele analize vorbesc despre antropocentrismul protocreștin ca o reacție la stoicism și mai ales la panteism, curent filozofic ce îl suprapunea pe Dumnezeu cu Universul – Dumnezeu era natura, și nu o ființă exterioară ei. În următoarele secole, dogma s-a conturat într-un și mai pregnant antropocentrism radical în care omul este regele, vârful absolut al creației, celelalte creaturi fiind inferioare și menite să-l servească pe om. Toma d'Aquino, în *Summa theologica*, spune că animalele și plantele sunt mânate de un instinct, de un impuls natural, în lipsa facultății raționale și au fost create pentru a servi omului.

Pe bazele antropocentriste formulate de creștinism s-a construit și structurat filozofia europeană a secolelor ce au urmat Evului Mediu – Umanismul, un curent și el antropocentric prin excelență.

Evident că, de-a lungul istoriei creștinismului, au fost voci care au încercat să pună în lumină valoarea de necontestat a întregii creații, cum a fost Francisc de Assisi. Vasile cel Mare a integrat în rugăciunea și scrierile lui toată natura: „Îți aducem ruga noastră și pentru animale, care duc împreună cu noi povara și căldura zilei și ne oferă viețile lor mărunte, ajutându-ne să trăim mai bine".[1] De asemenea, unii scriitori formați în creștinism au vrut să sensibilizeze omenirea și s-o facă să iubească natura cu tot ce este viu sau neviu: „Iubiți toată plăsmuirea Ziditorului acestei lumi în întregimea ei, precum și fiecare grăunte de nisip în parte. Cătați cu drag la fiecare frunzuliță și fiecare rază de soare. Iubiți dobitoacele necuvântătoare și firul de iarbă, iubiți orice lucru neînsuflețit"[2] (Dostoievski în *Frații Karamazov*).

Toate aceste voci sunt însă puține în noianul de elogii antropocentriste care răsună de veacuri și, puține fiind, pornesc și ele de la același fundament formulat și argumentat în cultura iudeo-creștină, că omul este net superior întregii creații, idee care, formulată acum 2.000 de ani, s-a păstrat și cultivat în conștiința întregii culturi din spațiul iudeo-creștin și a fost asimilată, conștient sau nu, de majoritatea dintre noi, influențându-ne atitudinea față de Univers și natură. Mulți dintre noi iubim și protejăm natura, dar o iubim ca pe ceva exterior nouă sau ca pe noi înșine?

E greu, poate, să înțelegem că toți, și eu, și tu, și trestia, suntem praf de stele, că atomii care ne construiesc s-au format când unele stele s-au stins, că circulă în natură, că atunci când gândești, iubești, dormi sau mergi, atomi din tine se rup și, prin respirație, ies din corpul tău, că plutesc în aer și sunt fixați în trestie, prin fotosinteză, că poate o omidă va mânca acea parte a trestiei în care sunt atomii tăi, bucăți din tine; așa cum tu mănânci un măr în care s-au fixat atomi

---

1. E. Bianchi, A-L. Michon, P. Chiaranz, *Oameni și animale: O perspectivă teologică*, Editura Ratio et Revelatio, București, 2013, p. 81.

2. F. Dostoievski, *Frații Karamazov*, trad. Ovidiu Constantinescu, Isabella Dumbravă, Polirom, Iași, 2011, p. 406.

din alți oameni sau alte viețăți. E greu de înțeles, însă e frumos!

E ușor însă de înțeles că, dacă natura o să dispară, odată cu ea o sa piară și omul, așa cum e ușor de înțeles faptul că, dacă omul o să dispară, natura o să continue să existe ca până acum sau poate chiar mai bine. E ușor de înțeles și, totuși, de ce ne e așa greu să înțelegem?

Religia este deci unul dintre elementele care au influențat raportarea noastră la natură, este cea care ne dă identitate și ne face diferiți. Dar, chiar dacă vedem lucrurile diferit, mecanismele care fac posibil comportamentul religios sunt similare tuturor și asta ne aduce împreună. Așa pare să fie și cu normele și cutumele etice, cu ce e bine și ce este rău. Doi oameni pot analiza un fapt și îl pot evalua diferit din punct de vedere etic, dar, paradoxal poate, resorturile din spatele raționamentelor sunt similare și nu aveam cum, gândindu-mă la religie, să nu mă gândesc și la etică.

Fundamentele evolutive ale eticii

Printre multe altele, călătoria mea a fost o expunere succesivă la „șocuri culturale“. M-am întâlnit cu oameni care aveau valori mult diferite de ale mele și am trăit o scurtă vreme în microuniversuri care funcționau după reguli și ecuații sociale și culturale străine mie. Pe scurt, diferența cea mai mare în ceea ce privește cutumele și normele care dictau comportamentul oamenilor cu care am interacționat am simțit-o în China, o oarecare diferență de valori a existat între universul meu și al lui Roberto și, poate, cel mai mult m-am regăsit în peisajul etic și comportamental al L.A.-lui.

În cele câteva zile petrecute în Rio de Janeiro, am simțit că modul de a gândi, arhitectura valorilor și dorințelor oamenilor de acolo diferă într-o anumită măsură de ale mele, nu foarte mult, dar semnificativ. Chiar dacă nu m-am regăsit în ele așa cum m-am regăsit în cele din L.A., am început să-mi doresc să le împărtășesc, să devin ca ei, să gândesc ca ei, landșaftul valorilor mele să se modeleze spre a semăna cu al lor. Dacă ar trebui să aleg un loc din lumea asta, dintre cele pe care le-am văzut până acum, un loc în care să mă stabilesc și să găsesc oameni în mijlocul cărora să-mi trăiesc viața, fără dubii acela ar fi Rio de Janeiro.

După întoarcerea acasă, m-au frământat o seamă de întrebări legate de lumile în care am fost: de unde vine diferența de valori pe care o avem noi, ca indivizi și comunități? Dacă suntem aceeași specie, firesc ar fi să împărțim aceleași valori și principii. Și, dincolo de toate, de unde vine capacitatea noastră de a crea acest câmp de valori morale, etice? Este el specific numai nouă, oamenilor?

Pornind de la Platon, prin creștinism, și până astăzi, comportamentul moral, a cărui sursă se credea că este sufletul, conturează, definește și desparte omul de celelalte animale. Din acest punct de vedere, etica este un atribut uman, o caracteristică a ființei însuflețite.

Alfred Russel Wallace, co-descoperitorul teoriei evoluției prin selecție naturală, argumentează această perspectivă dualistă considerând și el că facultățile etice ale omului sunt datorate intervenției miraculoase a lui Dumnezeu, care l-a înzestrat pe acesta cu suflet, scoțându-l astfel din rândul primatelor. Darwin, încă din 1871, rupe șirul de perspective antropocentrice și face din etică un comportament specific nu doar nouă, oamenilor, căci, afirmă el, „orice animal înzestrat cu instincte sociale bine conturate dobândește inevitabil un simț sau o conștiință morală".[1] În cei aproape 150 de ani, câți au trecut de la afirmația lui Darwin, știința a scos la lumină și testat ipoteze care confirmă spusele geniului.

Ca să fiu înțeles, o să precizez de pe acum faptul că, în următoarele rânduri, nu există o diferență de sens sau

1. C. Darwin, *The Descent of Man and Selection in Relation to Sex*, Princeton University Press, London, 1981, p. 72.

nuanță între termenii „morală“ și „etică“. Cuvântul „morală“ provine din latină și înseamnă „moravuri“, iar „etică“ provine din greacă și are același sens. Unii filozofi au dat însă sens diferit celor doi termeni: de exemplu, Kant vede în „morală“ suma principiilor generale, iar în „etică“ aplicarea lor, pe când alții leagă „morala“ de îndatoririle față de ceilalți, de simțul civic, iar „etica“ de principiile mântuirii și ale înțelepciunii.

Fiziologia moralei, de la pești la mamifere

După cum a intuit Darwin și a observat Wilson, părintele sociobiologiei, multe dintre comportamentele care definesc moralitatea nu sunt specifice oamenilor, ci se întâlnesc și la multe animale. Cu cât animalele sunt mai sociale, cu atât planurile de manifestare a comportamentului etic sunt mai complexe.

Sociabilitatea animalelor este strâns legată de oxitocina despre care am vorbit în paginile anterioare. Este implicată în interacțiunile sociale ale tuturor mamiferelor, dar la speciile care stau în grupuri oxitocina are un efect mult mai intens: liniștește animalul aflat în grup, induce o stare de stres animalului care a ieșit din grup, îi crește toleranța la frustrare, îi scade agresivitatea, crește gradul de încredere în ceilalți membri, îi creează plăcere și o oarecare dependență de grup. Îl „forțează“ pe individ să se integreze în grup, să stabilească și să dezvolte relații cu ceilalți membri și a dus astfel la apariția comportamentelor de consolidare a grupului, cum sunt cele întâlnite la familiile de gâște, haitele de lupi și la toate celelalte animale sociale.

La om, dependența de grup ne-a expus la conflicte interpersonale. Prin selecție naturală și socială, au supraviețuit cei care au reușit să gestioneze aceste conflicte în așa fel încât să rămână în grup, fiind dependenți de acesta și cu șanse minime de supraviețuire în afara grupului. Astfel au apărut normele etice, cutumele, regulile și morala.

Empatia și neuronii oglindă

Un fundament al comportamentului moral este empatia, un fel de instinct social, cum îl numește Darwin: „Principiul primordial al conștiinței morale umane [...] duce în mod natural la Regula de Aur – «Poartă-te cu ceilalți așa cum vrei să se poarte ei cu tine» – care stă la baza moralei".[1]

Metzinger definește empatia, din perspectiva creierului, drept perceperea persoanei a doua singular – tu ca reprezentare mentală a perspectivei de persoana întâi singular – eu, trecută prin perspectiva persoanei întâi plural – noi. Conform acestei teorii, nivelul cel mai ridicat de empatie îl au ființele care fac parte dintr-un grup, îl conștientizează pe celălalt prin intermediul grupului, „tu" devine perceput prin intermediul lui „noi". Înțeleg și percep repercusiunile unei acțiuni ce au efecte asupra mea, dar percep efectele sale și asupra noastră, a grupului, căci și grupul simte la fel ca mine.

Anatomic, empatia pare-se că își are originea în creierul nostru, în anumite zone unde se întâlnesc neuronii oglindă, descriși, în 1990, de Giacomo Rizzolatti. Descoperirea a fost

---

1. *Ibidem*, p. 106.

una de excepție în lumea neurobiologiei, cu efecte asupra diverselor planuri pe care se extinde știința: biologie, sociologie, psihologie, antropologie, evoluționism, până la economie și multe alte domenii. Neuronii oglindă sunt acei neuroni care se activează și transmit impulsuri nu doar atunci când maimuța/omul execută o mișcare spre obiecte (de exemplu, când întinde mâna să ia o alună), ci și când îi observă pe alții executând același tip de mișcare. Dau astfel impresia că noi facem mișcarea făcută de cel pe care îl privim.

În 2014, Rizzolatti ajunge la concluzia că această rețea este mult mai generalizată și nu depinde doar de sistemul efector–obiect. S-au făcut studii de lungă durată pe persoane cărora le-au fost arătate imagini ce exprimau tristețe, iar în urma expunerii la aceste imagini privitorii s-au evaluat ca fiind triști. S-a constatat că unele regiuni din cortexul insular sunt activate atunci când simțim un miros urât, iar tot aceste regiuni, din cauza neuronilor oglindă, se activează și atunci când vedem pe fața cuiva o expresie de dezgust. Arii din cortexul cingulat anterior și din cortexul insular anterior se activează atunci când simțim durere, dar, datorită neuronilor oglindă, și când vedem pe altcineva suferind. Interesant este aici că doar partea responsabilă cu emoția durerii se activează când vedem pe cineva suferind, nu și partea responsabilă cu senzația de durere.

Rizzolatti și Destro spun că neuronii oglindă au avut implicații majore în dezvoltarea limbajului și că aceste structuri au rezolvat, la un stadiu incipient al evoluției limbajului, două probleme de comunicare fundamentale – paritatea și înțelegerea directă: ceea ce înseamnă ceva pentru emițătorul mesajului înseamnă același lucru și pentru receptor.

Empatia a apărut astfel ca formă de înțelegere a celuilalt, iar dovezile științifice ne arată că ea nu este prezentă doar la oameni, ci și la multe animale, fiind mai complexă și mai extinsă pe diferite planuri la speciile sociale.

Vocea conștiinței

Când vorbim despre etică sau morală, în calupul de experiențe pe care îl avem în planul acestui concept, majoritatea dintre noi se gândesc la „vocea conștiinței" – acea parte din interiorul nostru care „ne spune" ce este bine și ce este rău, care dă satisfacția lucrului bine făcut din punct de vedere etic și ne mustră atunci când încălcăm o regulă morală.

Ca să înțelegem tot acest mecanism și bazele lui funcționale, psihologia și neurobiologia propun și argumentează un model al creierului nostru format din trei planuri: inconștient, conștient și supraconștient. Să comparăm creierul nostru cu un calculator. Inconștientul este reprezentat de hardware, partea fizică a computerului, alcătuit din tot felul de elemente interconectate între ele. Atunci când deschidem calculatorul, acesta funcționează minimal, iar ca să funcționeze performant instalăm pe el diverse programe – acesta este software-ul, în creierul nostru reprezentat de supraconștient. Interacțiunea dintre inconștient și supraconștient naște conștientul, interfața pe care o vedem pe ecranul calculatorului.

Inconștientul este reprezentat de toate legăturile cu care ne naștem, toate instinctele pe care le aducem cu noi de pe linia noastră evolutivă, iar supraconștientul este reprezentat de toate normele, regulile și legăturile imprimate și formate în capul nostru de-a lungul vieții. Cele mai importante structuri ale supraconștientului, cele mai puternice, elementare și stabile se formează în primii ani de viață, de aici și expresia „cei șapte ani de-acasă". Acestea sunt regulile și normele după care funcționăm ca indivizi în relație cu noi și ceilalți.

Ca să înțelegem formarea supraconștientului, haideți să luăm exemplul unui copil de doi ani care, accidental, cade: de cele mai multe ori, nu începe să plângă brusc și, nedumerit, își privește mama și așteaptă de la ea o reacție. Acesta este momentul în care își „instalează programul" și formează supraconștientul. În funcție de reacția mamei, va reacționa și el. Dacă aceasta se sperie și aleargă spre el îngrijorată, copilul va începe să plângă, dar dacă ea, calmă, se apropie și îl ridică, de parcă nimic nu s-ar fi întâmplat, copilul, fără să plângă, își va continua joaca. În acest fel, în funcție de reacțiile celor din jur, de sfaturile, observațiile primite de la ei și de poveștile auzite, ne construim supraconștientul.

De cele mai multe ori, unele norme din supraconștient sunt contrare unor norme din inconștient. De exemplu, atunci când suntem furioși pe cineva inconștientul ne induce o stare de agresivitate, iar supraconștientul ne îndeamnă la diplomație, activând acel mecanism de „management al agresivității" pe care familia, școala sau societatea ne-a învățat să-l folosim. În unele situații, cum sunt stresul excesiv și prelungit sau oboseala, supraconștientul își pierde din puterea pe care o are asupra inconștientului și devenim mai irascibili sau mai instinctuali.

Toate normele și regulile sociale se scriu pe parcursul vieții în supraconștientul nostru și, atunci când sunt încălcate, acesta trimite semnale în conștient, ne atenționează, ne creează o stare de disconfort, simțim atunci acea „voce a conștiinței". Vocea aceasta a conștiinței grăiește diferit în funcție de cultură. Normele etice sunt împărțite în două categorii: prima cuprinde toate acțiunile care îi fac un rău fizic sau emoțional celuilalt, acestea fiind recunoscute la aproape toate culturile lumii, iar cealaltă categorie ține de convențiile sociale și religie, acestea fiind particulare fiecărei culturi. Din cea de-a doua categorie, unele acțiuni pot fi considerate neetice într-o comunitate și etice într-o alta. De exemplu, pentru un bărbat tswana din Botswana a lua de soție o verișoară este o faptă bună și firească, în schimb, un shona din Zimbabwe ar fi dezgustat de așa ceva, iar asta pentru că fiecare a fost „învățat" diferit, fiecare și-a structurat altfel conștiința, în funcție de tribul în care a crescut.

De ce, totuși, specia umană a evoluat în așa măsură încât toate aceste norme etice și valori ce țin de comportamentul social, spațiul privat și credințele religioase se impregnează atât de puternic în capul nostru, încât ne e foarte greu sau chiar imposibil uneori să le depășim? De ce ajung să devină un fel de reacții reflexe, instinctive, pe care le avem sau le aplicăm fără să gândim? Am putea avea impresia că ne-am născut cu ele, dar, analizându-le îndeaproape și conștientizând eterogenitatea lor de la o cultură la alta, înțelegem că sunt învățate.

Explicația vine de la faptul că noi suntem urmașii celor care au ascultat de părinți și au aplicat normele tribului din care au evoluat. Să luăm un exemplu: suntem acum 150.000 de ani în savana Africii, iar acolo, într-un trib, o mamă le spune celor doi copii să nu iasă după ce se lasă seara din adăpostul lor și să nu se îndepărteze de grup, pentru că o să-i mănânce leul sau hiena. Unul dintre copii are creierul structurat în așa fel încât toate aceste informații nu se imprimă direct în supraconştientul său şi are nevoie de experienţe ca să le verifice şi să le testeze, în consecinţă el se va depărta de grup şi şansele lui de supravieţuire scad, putând fi ucis de un animal. Genele sale, după care i-a fost structurat şi creierul, dispar din populaţie şi nu vor trece mai departe, în generaţiile următoare. Celălalt copil ascultă, creierul său înmagazinează această informaţie şi se supune. Acest copil va avea toate şansele să supravieţuiască şi îşi va perpetua genele mai departe. În acest fel, noi suntem urmaşii celor care au ascultat şi s-au supus vocii conştiinţei.

Aceasta este una dintre cauzele pentru care ne e atât de greu să ieşim de sub influenţa valorilor impuse de societate, de sub influenţa normelor ei morale şi a credinţelor religioase care ne-au fost inculcate din copilărie. Creierul a evoluat în această direcţie pentru că integrarea într-un trib şi însuşirea până la nivel de reflex a valorilor şi normelor sociale şi religioase ale acelui trib au crescut şansele de supravieţuire ale individului.

Comportamentul etic a evoluat treptat în filogenia vertebratelor. La peşti au apărut hormonii care le scădeau anxietatea şi le creşteau încrederea, mediind astfel interacţiunea dintre indivizi. Neuronii oglindă la maimuţe şi oameni, dar, sigur, întâlniţi şi la alte animale, au construit fundamentul empatiei, sentiment puternic dezvoltat la fiinţele sociale care, ulterior, prin apariţia culturii şi imprimarea în supraconştient a unor valori morale şi credinţe religioase, a dus la creşterea şanselor de supravieţuire ale individului şi tribului.

În lumea sociobiologiei şi a neurobiologiei, studiul conştiinţei şi al eticii a fost multă vreme marginalizat, mulţi dintre cercetătorii care abordau acest subiect fiind cumva desconsideraţi de colegii de breaslă pentru că, în acea vreme, până acum trei-patru decenii, știința nu avea cadrul și uneltele cu care să exploreze acest spațiu. Totuși, pornind de la Darwin, continuând cu Edward Wilson și Desmond Morris și, mai recent, cu Paul Zak, David Linden, Jonathan Haidt și mulți alții, neurobiologi, psihologi și filozofi au început să înțeleagă cum funcționează mintea noastră și conștiința, cu toate normele morale aferente.

Suntem într-adevăr niște ființe complexe, în universul nostru dual, biologic și cultural. Aceste două componente ale ființei noastre se întrepătrund și, după cum am văzut, biologicul generează culturalul iar culturalul modelează biologicul. Dar, dacă este să duc gândul și mai departe, mai descopăr un plan al existenței noastre care ne definește și animă ființa și care, asemenea unei culori în degradé, aduce o a treia nuanță universului din noi – planul emoțional. Suntem ființe animate de emoții și sentimente și n-aveam cum, călătorind în jurul lumii, să nu mă gândesc la sentimentul care, după cum spune Dante Alighieri, mișcă soarele și celelalte stele – iubirea.

Un gând despre iubire – prin prisma unui biolog

Fiecare dintre noi suntem reprezentantul unei specii sociale, arhitectura ființei noastre ascunzând în ea tendința și nevoia interacțiunii cu ceilalți. În acest fel, noi și, dincolo de toate, existența noastră se construiește pe și prin întâlnirea cu celălalt. Dintre toate întâlnirile, se întâmplă ca unele să schimbe total metabolismul vieții noastre și, dacă privim la o scară mai largă, metabolismul întregii societăți și al speciei. La o statistică simplă, o să vedem cum cele mai multe dintre aceste întâlniri definitorii sunt caracterizate de o osmoză a relației, care se definește în spațiul fenomenului numit „iubire".

Fiecare interacțiune socială pe care o experimentăm naște în noi o cascadă de hormoni, care încep să definească și să construiască natura relației. Principalul hormon al interacțiunii sociale este oxitocina, despre care v-am mai povestit și care se secretă fie că interacționăm pentru prima dată cu un străin, fie că revedem un vechi prieten sau ne întâlnim cu o persoană cu care avem o relație amoroasă. Relațiile sociale, intensitatea lor și natura lor sunt definite de cantitatea de oxitocină secretată, dar și de cantitatea celorlalți hormoni care se secretă odată cu ea: serotonină și dopamină.

Vorbind despre legătura dintre relațiile sociale și hormoni, totul pare fascinant și acceptabil pentru mulți dintre noi, însă totul se transformă în angoasă atunci când, după același algoritm, știința încearcă să explice prin hormoni iubirea. Am fost conștient până nu demult că toată epopeea unei povești de dragoste dintre doi indivizi ai speciei umane este, în fapt, rezultatul unei cascade de hormoni și că, pe drept cuvânt, această cascadă durează, în medie, trei ani.

Dragostea durează trei ani

Neurobiologii și biologii evoluționiști ai ultimului veac au început, în articole științifice publicate în reviste de prestigiu și în cărți traduse în zeci de limbi, să demonstreze faptul că iubirea durează, în medie, trei ani. Au constatat că acea cascadă de hormoni în care sunt implicate oxitocina, serotonina și dopamina se tempereazǎ și se stinge după trei primăveri și astfel, odată cu ea, dispare și sentimentul care ținea împreună cuplul, dispare „dragostea".

Unii dintre noi ne întrebăm de ce durează totuși atât de puțin, de ce nu ține toată viața, pe când alții se întreabă de ce durează totuși atât de mult, de ce nu trece după un weekend, căci în felul acesta nu am mai suferi așteptând un semn sau un telefon. Plecând de la „durata programată evolutiv" a iubirii, se nasc discuțiile interminabile legate de natura noastră poligamă sau monogamă și ne e greu să pricepem care este motivul pentru care această simfonie de hormoni are un final preconizat statistic.

Explicația vine din trecutul istoriei noastre ca specie și e formulată după algoritmul teoriei neodarwiniste conform căreia supraviețuiește cel care are cei mai mulți urmași. Ca să înțelegem asta, haideți să ne întoarcem în timp cu 100.000 de ani, departe de aici, sub cerul Africii, în savana unde, dacă privim cu atenție, o să descoperim un trib de oameni în care, din câte ne dăm seama, nu sunt mai mulți de 80 de indivizi și pare-se că se cunosc bine între ei, că doar sunt din același trib.

Acum, ipotetic, atenția noastră cade asupra a trei bărbați care curtează trei femei. Cascadele de hormoni îi fac să se îndrăgostească. Povestea decurge similar în toate cele trei cupluri și după un timp scurt fiecare pereche trăiește actul dionisiac al iubirii lor. Toate cele trei femei rămân însărcinate, cascada de hormoni se continuă la toți și se nasc copiii. După prima lună de la nașterea pruncului, adică la mai puțin de un an de la momentul îndrăgostirii, cavalcada de oxitocină și serotonină din creierul unui bărbat se termină și cuplul se desparte, iar bărbatul caută acum o altă femeie, căci trebuie să perpetueze specia. Mama rămâne singură să crească copilul, iar acesta, neajutorat, are foarte puține șanse să supraviețuiască.

Au mai rămas acum, în atenția noastră, două cupluri. La unul dintre bărbați, cascada de hormoni se stinge după trei ani și acesta pleacă în căutarea altei consoarte, lăsând mama singură, cu copilul. Copilul, la un an, a început să meargă, iar la trei ani, deja vorbește și se poate face înțeles, având foarte multe șanse să supraviețuiască, căci, dacă se întâmplă să nu primească atenție de la mamă, pentru că știe să meargă și să vorbească, poate să ceară atenție de la altcineva din trib și o să fie, în mod sigur, ajutat. Spre finalul poveștii, mai rămâne un singur cuplu, la care chimia iubirii încetează după șase ani, când bărbatul părăsește cuplul în căutarea formării unei alte perechi, iar copilul lor supraviețuiește cu certitudine.

Avem, astfel, trei tipologii de bărbați. Primul părăsește cuplul imediat după nașterea copilului, dar copilul nu are șanse să supraviețuiască, așa că genele sale nu o să fie transmise mai departe, în genele lui fiind înscris timpul de desfășurare a cascadei hormonale. În acest fel, genele care programează iubirea la un an o să dispară din populație. Cel de-al doilea și al treilea își perpetuează genele și, astfel, rămân în populație genele care au programat iubirea la trei și, respectiv, șase ani. Dar dintre cei doi, cei mai mulți urmași îi are cel care a stat doar trei ani în cuplu, pentru că, în timp ce celălalt, în șase ani, a crescut un singur copil, el a făcut doi. Urmașii lui și purtătorii genelor ce programează durata cascadei hormonale la trei ani devin încet-încet majoritari în populație și genele sunt perpetuate mai eficient.

În consecință, la noi, în medie, dragostea durează trei ani, pentru că noi suntem urmașii celor care au stat trei ani în cuplu, avem în noi genele lor, perpetuate în populație cel mai eficient. Există totuși o lege din biologie care vorbește despre variabilitate și, conform ei, există astăzi în populație indivizi la care cascada este programată să dureze un an și alții la care durează zeci de ani, însă ei sunt excepții, pe când majoritatea se supun mediei de trei ani.

Experiența junglei – întemeierea unui trib

Cu scepticismul unei minți de biolog, am analizat mereu problema iubirii din perspectiva științifică și, în felul acesta, îi argumentam efemeritatea. De fiecare dată când aveam ocazia, ștergeam cu știința tot „praful de magie“ ce acoperă acest afect. Însă recunosc acum că eram conștient de faptul că lucrurile nu stau chiar așa și că trebuie să existe o explicație științifică, sau mai multe, care să argumenteze ideea că „iubirea de cuplu“, în toate valențele ei, poate să supraviețuiască cât trăiesc și oamenii care o poartă și asta pentru că am șansa să văd în jurul meu cupluri fericite în trăinicia lor. Nu foarte multe, recunosc!

Când am pornit în călătoria mea, înțelegerea iubirii a fost una dintre angoasele care m-au urmărit. Când experiența călătoriei s-a încheiat, mi-am dat seama că nu știu și nu am înțeles nimic mai mult decât știam până atunci. Dar, în lunile ce au urmat, m-a obsedat un gând, o experiență pe care am simțit-o de excepție în viața mea și pe care, la început, îmi era greu s-o pun în cuvinte, dar, tot scormonind, am prins un fir al epicului și am să încerc să o descriu. O să fiu cât de sincer pot și, dacă nu am dreptate, vă rog să mă corectați.

Voi vorbi de momentul întâlnirii mele cu Roberto. Un om complet străin, despre care nu știam nimic și cu care urma să plec pentru șase zile în adâncul junglei. Într-un univers complet nou, fără semnal la telefon, plin de necunoscut și pericole, am stat șase zile cu un necunoscut, un băștinaș de 45-50 de ani, mic de statură, măsliniu și cu ochii mari, curios și așezat, care deseori mergea înaintea mea ca să deschidă calea cu maceta. A fost o experiență de excepție pentru că „trebuia“ în toate acele zile să am încredere într-un străin și să trăiesc toată experiența junglei alături de el. Am dormit fiecare în hamacul lui, la o distanță de doi metri, în jungla întunecată, am mâncat ciuperci culese de el, ne-am scăldat în pâraie și, poate, cel mai important, am schimbat mii de vorbe și gânduri.

Îmi aduc aminte cum a evoluat relația noastră, căci nu am conștientizat provocarea zidului dintre noi decât în cea de-a doua zi. Dacă în prima zi, în timp ce-l urmam ca teleghidat prin pădure, nu schimbaserăm mai mult de două vorbe, căci m-am lăsat fascinat de tumultul sălbăticiei, în dimineața celei de-a doua zi în junglă, după groaza nopții ce trecuse, m-am trezit și mi-am dat seama că nu sunt singur. Eram cu un necunoscut, iar viața mea era în mâinile lui mai mult decât în mâinile mele. Mai presus de asta însă, mi-am dat seama că în el, cel născut în junglă, se găsește o parte din acel loc și o fantă prin care pot să descopăr jungla. Am înțeles că o parte din provocarea experienței este să încep să creez o relație cu acel străin.

Eram conștient că trebuie să secretăm amândoi din ce în ce mai multă oxitocină ca să putem socializa. Ca să socializăm, trebuia să începem să avem încredere unul în celălalt și să ne reducem agresivitatea intrinsecă, ce apare la interacțiunea cu un străin. În acest fel, cât am băut cafeaua, în acea dimineață, inconștient, îi mimam gesturile: când mușca el din biscuit, mușcam și eu, când lua cana în mână să bea cafea, o luam și eu. Acest ritual de mimare secreta oxitocină în sângele nostru și creștea încrederea dintre noi, consolidându-ne relația. Se crede că mimarea căscatului are ca scop stimularea secreției de oxitocină în creierul celui pe care îl mimăm și că acesta este un comportament ancestral, păstrat în structura speciei noastre.

De la simple gesturi inconștiente, am început să povestim, să ne ascultăm și să ne împărtășim gândurile. După patru zile, deja vorbeam despre familiile noastre, despre obiceiurile de viață și chiar despre credințe. Am dărâmat zidul dintre noi, am devenit prieteni și totodată o echipă în care ne sincronizam perfect. Îmi amintesc că, în primele două nopți, o dată la două-trei ore, după ce se stingea focul, Roberto se trezea, se dădea jos din hamac, aprindea lanterna și făcea o tură în jurul locului în care ne aflam ca să sperie animalele ce s-ar fi putut apropia prea mult de noi. Fără să-mi spună nimic, din a treia noapte, la două-trei ore după ce s-a trezit el ca să facă tura, m-am ridicat și am făcut-o eu și, de atunci, în următoarele nopți, am făcut toate aceste ture pe rând. Am început să ne împărțim lucrurile pe care le aveam cu noi în așa fel încât greutatea lor să fie echivalentă și să ne organizăm perfect când ne instalam hamacele. Spre finalul expediției, am început să ne înțelegem prin semne: când unul din noi vedea un animal, ca să nu-l speriem, rămâneam nemișcați și comunicam doar mișcându-ne ochii sau foarte puțin mâinile și fața. La finalul experienței, când a venit vremea să plec, cu greu mi-am luat rămas-bun și, colosal de emoționat, i-am mulțumit pentru că m-a ajutat să scap cu viață din junglă.

Cu toate că experiența călătoriei a continuat în L.A. și Beijing, în următoarele zile am simțit lipsa lui Roberto, îmi era dor de el și ce e dorul dacă nu o nevoie de oxitocină ce se secretă în preajma unei persoane cu care socializezi. Dacă lipsește persoana, lipsește și doza de hormoni asociată ei, lipsește oxitocina; iar după oxitocină se secretă serotonină, care te face să îți placă și să te simți bine, precum și dopamină, ce te face să vrei să repeți experiența. Lipsa lui Roberto a lăsat în mine un gol de hormoni ai socializării, iar golul acela îl simțeam drept dor.

Acești hormoni se secretă de fiecare dată când doi sau mai mulți oameni interacționează – ei sunt cei care coagulează grupul, ei sunt cei care, de milioane de ani, au ținut specia noastră în triburi. Dacă asociem un trib cu un zid, atunci oamenii sunt cărămizile, iar cimentul sunt hormonii. În acest fel, după șase zile de junglă, pot spune că eu cu Roberto, la început un necunoscut, am format un microtrib în care am supraviețuit junglei.

Cuplul ca microtrib

Mi-a luat astfel patru zile să mă pot acomoda cu un străin și șase zile să închег o relație destul de puternică cu el. A fost nevoie de un travaliu conștient și inconștient de socializare, mânat de turbina nevoii de supraviețuire și cunoaștere. Dacă stau acum să mă gândesc, toată experiența pare bizară, pentru că am ajuns ca, după șase zile, să îmi fie dor de un necunoscut. Dar, privind lucrurile în tot contextul vieții mele, îmi dau seama că au fost momente în viața mea când nu a fost nevoie de șase zile ca să se nască dorul și să mă apropii de cineva. Uneori, după câteva ore în care am schimbat două vorbe, am ajuns să ne trezim dimineața în același pat și să ne bem cafeaua împreună, fără să am conștiința faptului că suntem doi străini sau să simt interacțiunea dintre noi ca un travaliu, totul decurgea firesc și părea ușor, căci mă îndrăgostisem.

Începutul iubirii corespunde de cele mai multe ori cu îndrăgostirea, stare în care sunt implicați cei trei hormoni, aceiași ca în socializare, dar în doze diferite. Îndrăgostirea sparge zidul dintre doi oameni și îi apropie puternic, cei îndrăgostiți nu mai au nevoie de cuvinte ca să socializeze și nu folosesc ritualuri de reducere a agresivității, ci, din contră, se confruntă cu o nevoie puternică de a se apropia și de a interacționa. Această ecuație formată de cei trei hormoni în momentul îndrăgostirii se schimbă încet-încet pe parcursul celor trei ani, până când ajunge să se stingă, dar relația poate să continue.

Am evoluat milioane de ani ca specie socială, în triburi formate din 80-120 de indivizi, în care fiecare ne cunoșteam cu fiecare și am ajuns, în urmă cu 4.000 de ani, să ne înghesuim în orașe și metropole de zeci și sute de mii de oameni. Cum e imposibil să-i cunoaștem pe toți, afară din casă, în mijlocul orașului, înconjurați de oameni, ne simțim singuri, vulnerabili și stresați, ca într-o junglă, asemenea unui om preistoric, ieșit din trib și rămas singur în savană. În acele momente și noi, în mijlocul orașului aglomerat, și el, în mijlocul savanei, simțim nevoia siguranței date de trib. Instinctiv știm că, în afara tribului, avem șanse mari să devenim victime ale prădătorilor și, deci, șanse mici de supraviețuire. Începem astfel să ne neliniștim și să căutăm drumul spre trib. Un trib este format din oameni care se cunosc, iar relația dintre ei este bazată pe secreția mare de oxitocină, dată de interacțiunea conștientă și inconștientă dintre ei.

La fel, după ce ne îndrăgostim, formăm un cuplu, doi oameni care se iubesc și care trei ani sunt ținuți împreună, în mare parte de acea cascadă de hormoni. Dacă după o perioadă hotărăsc să locuiască împreună, în inconștientul lor vor asocia relația cu un microtrib. Când pleacă dimineața de acasă și ajung în orașul aglomerat, ajung în junglă, iar când se întorc acasă, lângă celălalt, se întorc în trib.

Dacă, după trei ani, cascada de hormoni se sfârșește, ea se poate continua la un alt nivel, în concentrații diferite, menită să consolideze și să întrețină mocrotribul. În acest fel cuplul devine personajul unei povești de succes, în care iubirea durează, se transformă, se metamorfozează, dar își păstrează esența.

Astfel, dacă în cei trei ani în care suntem ținuți împreună de hormoni știm să ne construim un microtrib, acel microtrib ne va ține împreună și după ce hormonii îndrăgostirii se pierd. Roberto trăiește într-un trib în jungla Amazonului și mi-a povestit că în acel trib oamenii se acceptă unul pe celălalt, încearcă mereu să-și rezolve problemele și divergențele discutând, au grijă unul de celălalt și se susțin reciproc, apără același teritoriu, au aceleași credințe și filozofii de viață, au aceleași obiective și idealuri, caută unul în celălalt ceva bun și încercă să cultive acele părți și capacități în folosul individului și al tribului. Mi-a mai spus că, atunci când un individ trădează tribul, nu îi apără valorile, intră în conflicte cu alți membri și nu încearcă să le rezolve, îi agresează pe cei din trib sau profită de resursele tribului fără a aduce beneficii, este exclus și trimis în alt trib.

Acum am ajuns la concluzia că așa e și în cupluri: pot să reziste dacă știu să formeze un microtrib, iar acel microtrib poate conține mai mult de două persoane odată cu nașterea copiilor. În acest fel, „s-a demonstrat științific" că iubirea poate să dureze până la sfârșitul vieții datorită capacității de a ne îndrăgosti, precum și nevoii și dependenței noastre de a ne integra într-un trib.

„Eu nu strivesc corola de minuni a lumii"

Iubirea este parte din fiecare dintre noi, stă la baza ființei umane și a întregii ei culturi, este o forță ce trezește și cutremură fiecare individ indiferent de rasă, sex, statut social sau nivel de educație și, din această pricină, nu are cum să nu ne preocupe, indiferent de domeniul în care activăm.

Am căutat mereu un argument care să mă facă să cred în iubirea nepieritoare și, de aproape fiecare dată, am rămas mâhnit și dezamăgit. M-a șocat faptul că n-am putea iubi deplin din cauza structurii noastre, a faptului că suntem „căzuți în trup", după cum spunea Platon, și, din această pricină, „carnea", cu acțiunea ei, distruge iubirea adevărată – filozofie preluată în creștinism și expandată până la frustrare de Apostolul Pavel. Sub mitul lui Tristan și al Isoldei, ni se sugerează că dragostea este neîmplinire și suferință, iar, după ce am mai căutat un pic, am aflat că Shakespeare i-a ucis pe Romeo și Julieta ca să le salveze iubirea, iubire care s-ar fi ratat oricum, la fel ca mai toate iubirile, din cauze sociale și slăbiciuni umane.

Mi s-a reproșat de multe ori că „strivesc corola de minuni a lumii" analizând științific afectul și căutând un răspuns cu o minte de biolog, dar vă mărturisesc că perspectiva științifică este singurul spațiu care, până acum, m-a făcut să înțeleg „iubirea" în culmea a ceea ce semnifică ea și să cred că sunt șanse să supraviețuiască, tot așa cum, vorba lui Darwin, supraviețuiesc formele de viață cele mai adaptate și adaptabile. Cu toate că hormonii implicați sunt similari la toți membrii speciei noastre, manifestarea iubirii, punerea ei în act formează un divers și colorat mozaic. Diversitatea este dată de felul în care spectrul nostru emoțional interacționează cu mediul natural în care trăim și, supus selecției naturale, naște comportamente diverse menite să ne adapteze la mediu, în zoologie numim asta biologia reproducerii. Noi, oamenii, animale fiind, nu ne sustragem ei.

Biologia reproducerii la *Homo sapiens*

„Cum am fost făcuți să fim: monogami sau poligami?“ e una dintre întrebările cu care este confruntat un biolog la întâlnirile cu colegii de breaslă, prieteni, rude sau chiar cu el însuși, de când e tânăr, îndrăzneț și entuziast, și până târziu, când a trecut deja bine prin școala vieții și metabolismul minții lui a devenit rezervat în a sintetiza concluzii. Întrebarea dă bătăi de cap tuturor, căci răspunsul stă la baza multor valori și norme juridice, sociale, morale și emoționale ale societății noastre.

În următoarele rânduri, succint, din perspectivă biologică și antropologică, voi încerca să explorez întrebarea, făcând o analiză a comportamentului sexual al speciilor cu care ne înrudim azi, dar și al speciilor din care am evoluat. Voi căuta să compun peste timp și spațiu puzzle-ul modului în care specia noastră „a iubit și iubește romantic“ din cele mai vechi timpuri.

Monogamia, o excepție la rudele și strămoșii noștri

Noi, oamenii, suntem mamifere și, din marele clan al mamiferelor, doar 3-5% sunt monogame. Monogamia mamiferelor a apărut târziu în evoluție – toate mamiferele ancestrale erau poligame. Primele mamifere monogame vin, se pare, din speciile care s-au organizat social, iar comportamentul monogam a apărut din diverse motive ce țin de infanticide, agresivitate și accesul la resurse.

În marele grup al mamiferelor, noi, împreună cu rudele noastre cele mai apropiate, formăm grupul hominidelor. În această mare familie comportamentul sexual este foarte eterogen: urangutanii sunt, în general, solitari, femelele se împerechează cu un mascul și își cresc puii singure, cu toate că există și cazuri în care mai rămân în cuplu; gibonii trăiesc în cupluri monogame, pe când gorilele sunt organizate în haremuri poligine, unde, de obicei, un mascul dominant se împerechează cu mai multe femele. Cimpanzeii comuni formează triburi promiscue în care un mascul se împerechează cu mai multe femele, la fel cum și o femelă se împerechează cu mai mulți masculi. Cimpanzeii bonobo trăiesc în comunități și mai promiscue, alcătuite din masculi și femele între care au loc diverse interacțiuni sexuale cu rol nu doar în reproducere, ci, mai cu seamă, social.

Pe linie evolutivă, unul dintre strămoșii noștri din care a apărut genul *Homo* este *Australopithecus afarensis*, din această specie făcând parte celebra Lucy, o femelă care a trăit acum aproximativ 3,2 milioane de ani. Datorită faptului că talia masculilor acestei specii era mult mai mare decât cea a femelelor, raportul asemănându-se mult cu cel al gorilelor de astăzi, s-a conchis că australopitecii trăiau în comunități poligame, unde un mascul dominant se împerechea cu mai multe femele, având astfel un harem.

Pe parcursul evoluției, diferența morfologică dintre sexe s-a atenuat și au apărut speciile genului *Homo*. Acum 1,5 milioane de ani, *Homo erectus* a trecut de la sistemul de împerechere asemănător gorilelor la unul în care grupul nu mai era dominat de un singur mascul, ci majoritatea masculilor aveau acces la femele. Din *Homo erectus* am evoluat noi, *Homo sapiens*. O lungă perioadă de timp, cât am fost vânători și culegători, eram organizați în grupuri restrânse în care se împărțea totul. Comunitățile erau poligame promiscue – un mascul se împerechea cu mai multe femele, așa cum femelele se împerecheau cu mai mulți masculi – și întreg grupul îngrijea copiii. În urmă cu 10.000 de ani, am trecut de la modul de viață de vânător-culegător la cel de agricultor. Din cauza schimbărilor climatice, pădurile s-au fragmentat și hrana a devenit din ce în ce mai greu de procurat. De aceea ne-am așezat grupurile în jurul apelor, în luncile râurilor, unde am început să facem agricultură.

Acum aproximativ 8.000 de ani, odată cu dezvoltarea agriculturii și creșterea animalelor, am devenit monogami. Monogamia ne-a permis gestionarea resurselor. Fiecare familie deținea o bucată de teren, pe care o cultiva și o îngrijea împreună cu copiii și pe care o transmitea din generație în generație. Constrângerea dată de limitarea resurselor se pare că a fost un factor principal în adoptarea unei strategii de viață monogame.

Timpul a trecut și noi, oamenii, am devenit tot mai adaptați la a trăi din agricultură, în comunități din ce în ce mai mari. Au apărut orașele cu un număr crescând de locuitori, împărțiți în două clase sociale din ce în ce mai distincte: cei care aveau pământ, deci resurse, și cei care nu aveau.

Apariția orașelor mari și a celor două clase sociale a dus la dezvoltarea, la scară mare, a poligamiei. Cei care aveau resurse erau majoritar poligami, iar cei care nu aveau resurse păstrau organizarea monogamă.

De-a lungul timpului societatea a încercat, pe plan religios și social, instituirea monogamiei. În spațiul european, la început, iudaismul a predicat monogamia pentru a preveni răspândirea molimelor, iar dreptul roman s-a axat pe căsătoria monogamă pentru a putea rezolva problema moștenirii. Cu toate acestea, comunitățile au păstrat strategia eterogenă.

Începând cu secolul al XVII-lea apare clasa socială de mijloc, burghezia. Membrii acestei clase sociale nu aveau resurse atât de însemnate, cum aveau aristocrații, dar dețineau proprietăți și erau destul de bogați, în comparație cu pătura socială săracă. Burghezia devine clasa socială dominantă și, din nevoia de organizare a resurselor și asigurare a moștenirii, promovează și chiar impune, la scară generală, căsătoria și, implicit, monogamia. Monogamia devine astfel o valoare socială susținută politic și religios.

Monogamia astăzi, între practică și teorie

Astăzi, în Europa, sud-estul Asiei, America de Nord, Centrală și de Sud, Australia și unele țări africane, societățile sunt organizate monogam, iar poligamia este interzisă prin lege. Poligamia este legală sau permisă în țările din sud-vestul Asiei și în majoritatea țărilor africane.

În zborul meu, care a făcut înconjurul lumii, am trecut peste locuri în care modul de organizare socială și felul în care oamenii „iubesc romantic" contrastează mult cu ce știam eu până atunci. Am descoperit că există însă comunități izolate, guvernate de legi nescrise, ancestrale, cum sunt triburile în care oamenii încă mai trăiesc ca vânători și culegători, în Africa, în regiunile periferice ale Australiei sau în jungla Amazonului și care au o organizare poligamă asemănătoare cu a strămoșilor noștri. Există însă și situații de poliandrie, acolo unde mediul este sărac în resurse, iar hrana greu de procurat, cum sunt unele comunități din Tibet, Nepal și sudul Chinei, unde o femeie este căsătorită cu mai mulți bărbați. Ea are dreptul să întrețină relații sexuale cu fiecare, toți însă contribuind la creșterea copiilor.

Dar lucrurile nu stau așa doar în universul celor „uitați de lume". Un studiu făcut în 1953 de Kinsey în SUA, o societate teoretic monogamă, susține că 50% dintre bărbați și 25% dintre femei fac sex în afara cuplului. Un alt sondaj, din 1970, confirmă infidelitatea la 40% dintre bărbații chestionați și 36% dintre femei, ca în 1987 Raportul Hitc să dezvăluie un procent egal al infidelității la bărbați și la femei, și anume de 70%. Alte studii demonstrează că între 5 și 30% dintre copiii americanilor și britanicilor sunt concepuți cu tați din afara cuplului. Dincolo de asta, devierile noastre de la monogamie sunt ilustrate și de veniturile imense ale industriei de filme pornografice. O statistică arată că, în 2000, în jur de 8 milioane de americani au cheltuit peste 200 de milioane de dolari pe filme pentru adulți. Știrile deconspiră din ce în ce mai mult o societate ipocrită, în care personalități publice care apără valorile tradiționale și familia, precum Clinton, Vitter sau Sanford, ori figuri religioase au fost surprinși în momente intime cu amante sau prostituate. Dincolo de asta, în 2008, Biserica Catolică a plătit compensații de 436 de milioane de dolari pentru abuzuri sexuale comise de membri ai clerului.

Deci astăzi, teoretic, suntem monogami sau, mai bine spus, societatea promovează monogamia. Statul și majoritatea cultelor religioase susțin viața în cuplul instituționalizat, făcând ilegală sau condamnând poligamia. România se lăuda, în 1966, cu cea mai scăzută rată a divorțului, în comparație cu celelalte țări europene, și asta era de așteptat atâta timp cât divorțurile au fost blocate la noi. Mai aproape de zilele noastre, tot România s-a bucurat de o creștere a numărului de căsătorii – în anul 2007, cu 30% peste media din ultimii zece ani pentru că statul, prin legea 396/2006, acorda 200 de euro celor care se căsătoresc prima dată. Efectul a durat puțin, căci stimulentul financiar a fost eliminat din cauza măsurilor de austeritate ce au urmat. După ce oamenii nu au mai primit cei 200 de euro, numărul căsătoriilor a scăzut.

La sfârșitul acestei analize, realizăm că specia umană, de-a lungul evoluției, a oscilat între monogamie și poligamie. 95% din timpul existenței ei pe Pământ a fost în principal poligamă și 5% monogamă. Trecerile de la un comportament la altul au fost influențate de selecția naturală și socială, de disponibilitatea resurselor sau de normele sociale și culturale. Studii de genetică schițează o gamă largă de variabilitate a ADN-ului în ceea ce privește comportamentul monogam sau poligam nu doar la specii înrudite între ele, ci chiar și la indivizii din aceeași specie. S-au descris gene care determină tendințele monogame sau poligame ale indivizilor și speciilor. Dincolo de toate, epigenetica și mediul pot influența componenta genetică a comportamentului nu doar într-o populație, ci chiar în timpul vieții unui individ.

Știința nu dă niciodată răspunsuri categorice, nu funcționează dogmatic; probabilitatea unui fapt se mișcă mereu în intervalul 1–0, dar niciodată nu atinge deplin limitele lui. Deci știința nu poate răspunde clar și succint la întrebarea cu care am început odiseea noastră prin biologia iubirii romantice a speciei din care facem parte. Dincolo de a da răspunsuri, știința se pricepe la pus întrebări, iar întrebarea „Cum am fost făcuți să fim: monogami sau poligami?" nu sună științific, pentru că „nu am fost făcuți", ci am evoluat, și „nu am fost făcuți să fim", adică evoluția nu are o finalitate, ea este un proces dinamic, așa cum par a fi și comportamentele legate de orice plan al existenței.

Dar, la o privire iscoditoare, în spatele acestei prime întrebări, se naște o alta: „De ce atât de frecvent și atât de mulți dintre noi chestionează «natura primordială» a organizării noastre sociale?" Poate pentru că vrem să fim fericiți și, fiind ființe sociale, o sursă a fericirii sunt relațiile cu cei din jurul nostru? Când vine vorba de iubirea romantică, legile, normele sociale, religia, cultura, filmele de dragoste, romanele și exercițiile de iubire ale majorității oamenilor din jur ne spun că „fericirea e în cuplu" și cuplul e format din doi. Așa suntem învățați de mici.

Asumând acest dat, această lege și cutumă, pornim în căutarea „celuilalt". La primele eșecuri, ne consolăm gândindu-ne că „celălalt" n-a fost destul de potrivit pentru noi, nu era pregătit de cuplu. După ce mai creștem, ne dăm, poate, seama că noi nu suntem pregătiți să intrăm într-o relație de cuplu și începem să lucrăm cu noi înșine. Ne modelăm și ne șlefuim până în momentul în care ne simțim pregătiți să ne acceptăm pe noi, pe celălalt și o viață de cuplu.

După toate acestea, unii dintre noi îl găsesc pe „celălalt“ și formează un cuplu. Cum mulți dintre noi am văzut în jurul nostru sau am trăit, ajungem astfel „fericiți până la adânci bătrâneți“. Alții însă realizăm că ceva, acolo, în măruntaiele experienței de cuplu, încurcă parcă finalul fericit. Ceea ce trebuia să fie fericire de cuplu devine o dramă de cuplu care, de multe ori, duce la separare și suferință, sau la o consolare și la un travaliu de fiecare zi, în care unul face din celălalt o victimă colaterală a infidelității și nefericirii lui. Mulți rămân în cuplu din felurite motive, cum sunt presiunile sociale, resursele financiare ori doar pentru a „păstra“ un statut social și o imagine.

De cele mai multe ori, ajunși personaje ale acestui ultim scenariu sau doar spectatori ai lui, ne întrebăm: „Cum am fost făcuți să fim: monogami sau poligami?“, poate pentru că simțim că problema nu este la noi și nu este nici la celălalt, la cei ce formează cuplul, ci problema poate că este la model, la modelul de „cuplu“ impus de societate. Poate că, mai înainte de a-l căuta pe „celălalt“ ca sa fim fericiți într-un model indus sau impus, primul pas este să căutăm în noi „modelul“. Să ni-l asumăm și să continuăm căutarea următorilor pași spre fericirea noastră, așa cum a făcut și specia noastră de-a lungul celor 300.000 ani, de când a iubit și iubește pe Pământ, în toate felurile posibile.

Teoretic este simplu, însă practic pare uneori imposibil pentru că iubirea, acel afect care are la bază biologicul și care ajunge să fie modelat de mediu în vremurile noastre, în anumite locuri din lume, printre care și România, este foarte mult influențată cultural și în anumite privințe chiar impusă politic.

Biopolitica iubirii romantice

Datorită faptului că viața (atât ca biodiversitate a cadrului natural, dar mai ales ca viață a individului uman – speranță de viață, procreare, asigurări medicale, politici de vaccinare, recunoaștere a diferitelor tipuri de relații maritale) face tot mai mult parte din obiectul și calculele puterii statale, politica naște un nou plan al manifestării ei – biopolitica. Conceptul consacrat de Michel Foucault este analizat pe larg într-un curs al filozofului, susținut în perioada 1975–1976, la Collège de France. Implicarea statului în mecanismele vieții prin normele și acțiunile politice atrage critica și analiza perspectivei etice, stimulând astfel dezvoltarea unui plan al bioeticii, care, astăzi, se extinde dincolo de ingineria genetică, medicină, ecologie ori arme biologice și ajunge în spațul public, social, conturându-se astfel o „socio-bioetică".

În contemporaneitatea acută a existenței noastre, se discută la nivelul societății civile, dar cu intervenții tot mai susținute și din planul politic, despre promovarea și instituirea la nivel constituțional a conceptului de „familie tradițională". Aceasta este o situație în care politica statală își manifestă latura ei „biopolitică", intervenind în viața privată a individului. Momentul pare unul de criză, căci nu se trece de „acceptarea etică“, de testul „bioeticii“. Societatea este împărțită acum în două tabere: pro și contra. La o analiză atentă, o să vedem că argumentele trec dincolo de orientările politice de dreapta sau de stânga ori de credințele religioase și vin de undeva dintr-un plan al eticii, al valorilor de viață. Criza scoate astfel la iveală două sisteme etice care coexistă într-o singură țară.

Etica societății românești după căderea comunismului

Jonathan Haidt conturează două curente sau planuri ale eticii. Unul are ca unitate de referință comunitatea, grupul, iar celălalt, individul. Cel care are în prim-plan comunitatea este un sistem etic cultivat în comunitățile conservatoare, tradiționale. Autorul exemplifică acest tip de etică pe societatea indiană, unde individul este definit în funcție de apartenența lui la o castă. Celălalt tip de etică este cel al societăților moderne, care au în prim-plan individul, așa cum sunt cele ale Europei de Vest și Americii de Nord.

În cadrul primului sistem etic, cel al comunităților conservatoare, concentrate pe grup, multe lucruri par bizare pentru mintea unui occidental. De exemplu, este acceptată violența domestică într-o anumită măsură, în sensul în care o femeie care comite adulter poate fi pedepsită de soțul ei și de comunitate, pentru că actul ei pune în pericol familia, microtribul ce stă la baza comunității în care trăiește. Măsura luată de către soț sau de comunitate este menită să protejeze familia și, implicit, societatea și, în felul acesta, este tolerată de grup.

O latură a acestui tip de etică este și caracterul sacru al elementelor din univers. Spre exemplu, în multe dintre aceste culturi nu sunt acceptate prostituția și homosexualitatea, comportamente considerate nenaturale, nefirești, care profanează corpul celui care le practică, corp care este „templu al Duhului Sfânt", „sălaș al zeilor" ori „lăcaș al sufletului". Tot în aceste situații, comunitatea se simte îndreptățită să ia măsuri împotriva acestor tipuri de comportament pentru că „păcatul" unui individ se răsfrânge asupra întregii comunități, așa cum păcatul lui Adam a afectat întreaga omenire, dar și pentru că, având un sistem de gândire concentrat pe grup, acțiunile unui individ caracterizează întreg grupul și întreaga specie – obiectivarea unui atribut (dacă un individ din grup este într-un fel, atunci toți sunt așa). Chiar și relațiile conjugale și căsătoriile sunt stabilite de grup, nu numai în India, în cadrul castelor, dar și în unele comunități în care indivizii se căsătoresc în interiorul familiei extinse pentru a nu pierde avuția familiei, sau se căsătoresc în cadrul grupurilor etnice sau religioase, ori pentru a face alianțe familiale. Să ne gândim cum, în multe dintre poveștile din trecut și de astăzi, parcă nu se căsătoreau partenerii, ci familiile.

Planul celălalt, al eticii liberale, vizează individul. În acest cadru, tot ceea ce-l face să sufere iese în afara eticii. Violența de orice fel este condamnată, dar sunt permise prostituția și homosexualitatea, atâta vreme cât cei care le practică și le asumă voit. Individul răspunde pentru faptele lui, repercusiunile sunt suportate individual, căci, lipsind substratul caracterului sacru, comunitatea nu se simte afectată de comportamentul său. Fiecare are dreptul să facă ce dorește în intimitatea spațiului său sau în spațiul public, în limitele unei decențe general acceptate. În acest plan al eticii moderne, căsătoriile se fac „din dragoste“ și partenerii sunt cei care se aleg, fără a ține cont de cutumele sociale, etnice, religioase ori economice. Aceste cazuri, în planul etic conservator, erau excentrice și nășteau povești cu prinți și cerșetoare care se îndrăgostesc și se căsătoresc; dizolvarea limitărilor statutului social și economic ale contextului făcea din poveste una exotică și oarecum interzisă, deci de interes.

În ceea ce privește România, până la căderea comunismului, întreaga comunitate trăia după principiile unei etici conservatoare. După căderea comunismului și deschiderea spre Vest, etica începe să se schimbe și să preia caracteristicile societăților moderne. Poate criza de astăzi, legată de confruntarea ce vizează „familia tradițională“ – termen pe care o să-l folosesc ca etichetă a unui întreg pachet de valori tradiționale promovate (relații heterosexuale, asumate prin căsătorie pe viață și urmate de mulți copii, interzicerea căsătoriilor homosexuale și neîncurajarea familiilor monoparentale) este cauzată de confruntarea dintre cele două generații: generația crescută sub comunism, cu valori etice conservatoare, și generația tânără, care și-a însușit valorile etice „moderne“ și care încearcă să le includă în spațiul politic și legislativ al țării în care trăiește, spațiu care este construit în mare parte pe fundamente etice conservatoare.

„Familia tradițională“ vs *„familia netradițională“*

„Familia tradițională“ se bazează, în principal, pe recunoașterea unui singur tip de căsătorie, căsătoria monogamă heterosexuală pe viață, lucru menit în mare să asigure mai mult bunul mers al societății decât să satisfacă nevoile individului. Căsătoria monogamă, după cum spune Precht și după cum am amintit mai devreme, a fost instituită de statul roman pentru a se rezolva problema moștenirilor, precum și de burghezie pentru a spori și conserva resursele materiale crescute, dar limitate, ale acestei clase sociale, în comparație cu abundența resurselor pe care le avea aristocrația.

Evolutiv, monogamia, deci implicit familia tradițională, a apărut în comportamentul speciei umane în Neolitic, atunci când, din cauza lipsei de resurse, s-a trecut de la vânătoare și cules la cultivat pământul. Triburile stabilite în apropierea apelor și-au împărțit pământul pe care îl transmiteau următoarelor generații și pe care îl lucrau cu ajutorul copiilor. Familiile tradiționale încurajează monogamia pe viață, ceea ce înseamnă relații lungi. Studiile arată că acest tip de relații permit creșterea și investiția mai eficientă într-un număr mai mare de copii și, astfel, un procentaj sporit al populației tinere dintr-o societate aduce beneficii economice. Societățile structurate pe cupluri monogame sunt mai bine organizate economic și își folosesc mai eficient resursele, iar statul are un beneficiu mult mai mare raportat la cantitatea de resurse și servicii, în comparație cu societățile poligame.

Dar ce înseamnă atitudinile și relațiile din câmpul semantic al „familiei netradiționale“? Odată cu creșterea nivelului de trai, cu revoluția sexuală și egalitatea drepturilor între sexe, mai întâi în SUA și, ulterior, în statele vest-europene apar diferite definiții ale noțiunii de familie. De exemplu, la grădinițele din New York, la orele la care participă și părinții sau tutorii, copiii sunt învățați că există cinci tipuri de familii: cu o mamă și un tată, cu două mame, cu doi tați, numai cu o mamă sau numai cu un tată. Asta se discută la nivel oficial în cazul sistemului de învățământ, iar tot în SUA, în 1997, apare un volum intitulat *The Ethical Slut*, în care sunt descrise diferitele tipuri de relații romantice, printre care și relațiile deschise, relații asumate și acceptate de toți cei implicați. Dacă, o bună bucată de vreme, aceste tipuri de relații au atras critici dure, în ultimul timp tot mai multe persoane publice și-au recunoscut implicarea într-o relație deschisă (Will Smith, George Michael, Scarlett Johansson), promovând acest concept și contribuind la acceptarea lui socială.

Un alt tip de relații din țesătura „familiei netradiționale" sunt relațiile dintre persoane de același sex, acceptate la nivel de căsătorie sau sub alte forme recunoscute de stat. Tot mai des, în societățile dezvoltate, apare ideea „parentingului bazat pe prietenie", în care cei doi indivizi, amici, decid să facă și să crească împreună un copil, fiecare având însă relații romantice independente.

Toate aceste tipuri de relații, chiar dacă au existat din vremuri străvechi, au fost blamate și desconsiderate social în România dinainte de anii '90 și chiar și astăzi în multe comunități din țară, fiind considerate subiecte tabu. Încet-încet însă, își fac simțită prezența în spațiul public al comunității, așa cum se întâmplă acum cu acțiunile de recunoaștere oficială a relațiilor între persoanele de același sex și a pactului civil între persoane homosexuale sau heterosexuale. Acest fapt, pe lângă nevoia comunității LGBTQ+ de a fi acceptată social, pune în evidență și o nevoie a comunității heterosexuale de a se implica în relații monogame, oficiale, altele decât căsătoria.

În ceea ce privește „relațiile deschise", primele studii și abordări la noi în țară au apărut recent, în 2014. Evaluate din perspectivă psihologică și socială în analizele Alinei Rusu și ale lui Vlad Mureșan au fost publicate în volumul *Satisfacția în cuplu*, prima lucrare științifică ce vizează atitudinea față de acest tip de relații, analizate și argumentate ulterior de alți psihologi implicați în domeniul dezvoltării personale.

Dacă în SUA și în vestul Europei, asemenea lucrări și studii referitoare la relațiile „netradiționale“ au fost publicate încă din anii '90, în România ele au apărut abia în ultimii ani. La noi discuțiile se duc în prezent pe două fronturi, pro și contra, într-o interacțiune ce pare mai degrabă o confruntare decât un dialog, pentru că, venind din două planuri diferite ale eticii, ceea ce constituie un argument pentru cei care-l formulează este, în fapt, un contraargument pentru tabăra căreia i se adresează. Spre exemplu, argumentul libertății invocate de susținătorii conceptelor netradiționale prin care fiecare individ are libertatea să facă ce vrea cu viața lui este în planul eticii tradiționaliste, al celor care susțin familia tradițională, un contraargument, în sensul în care individul, ca parte dintr-un grup (familie sau comunitate), are responsabilitatea întregii comunități, iar consecința faptelor sale se răsfrânge asupra tuturor. În concepția tradiționalistă, încălcările unor reguli ce țin de valorile sacre aduc mânia zeului asupra întregii comunități.

Pentru a se ajunge la un dialog real și productiv între cele două părți, trebuie găsite punctele comune, precum și modul adecvat de prezentare a ideilor, trecând dincolo de mediul social, de orientarea politică sau religioasă și urmărind esența, fundamentul concepțiilor care pleacă din planul etic în care sunt ancorate valorile indivizilor.

Fundamentele politicii și eticii de astăzi au la bază definițiile și normele pe care le dă Rousseau individului în jurul anului 1750. El îl conturează pe om ca diferit de animale și mult superior lor, necondiționat de natură sau de biologie, omul fiind o ființă „deschisă“, care poate să devină ceea ce aspiră să fie. Conceptele biopoliticii și ale bioeticii, ce au apărut la începutul epocii moderne, nu au schimbat viziunea asupra omului – l-au lăsat net superior animalelor, dar au început să ia în calcul viața din jurul acestuia și raporturile dintre viața lui și viața celorlalte ființe nonumane.

Biologia evoluționistă, genetica, antropologia, sociologia și psihologia evoluționistă, prin descoperirile din ultimul veac, aduc tot mai multe argumente în favoarea faptului că omul se integrează în acest univers eterogen al animalului și că diferența dintre el și unele specii de primate este asemănătoare cu diferența dintre o turturică și celelalte specii de porumbei. În consecință, normele politice și etice pe care este bazată societatea ar trebui să ia în calcul caracteristicile biologice evolutive ale speciei umane. Biopolitica și bioetica ar putea, în acest context, să se extindă conceptual și să integreze în mecanismele ei și istoria devenirii speciei umane, să privească omul ca un element al viului, diferit în manifestarea sa față de celelalte, dar egal în valoare cu toate, o specie cu anumite determinări și condiționări biologice, venite pe linie evolutivă de la speciile din care a evoluat.

Într-un scurt exercițiu de imaginație, dacă pe filieră biopolitică și bioetică s-ar accepta perspectiva evoluționistă a speciei noastre, am vedea că toată această mișcare a familiei netradiționale merge, paradoxal, spre familia tradițională.

Căci monogamia la specia noastră a apărut acum aproximativ 10.000 de ani, când din vânători am devenit cultivatori. Până atunci, peste 300.000 de ani, după cum v-am mai povestit, am trăit în grupuri mici, promiscue, în care indivizii se reproduceau între ei, relațiile sexuale erau poligame, „deschise", copiii erau crescuți de tot grupul, într-un fel de „parenting bazat pe prietenie", și indivizii homosexuali care existau și atunci aveau relațiile lor cu ceilalți homosexuali din grup, dar participau ca „indivizi asistenți" la creșterea copiilor din grup și, astfel, contribuiau la supraviețuirea grupului. În acest fel, primul tip de familie în care erau organizați indivizii din specia noastră, „familia tradițională", tribul, acceptă libertatea fiecărui individ, fapt care asigură totodată supraviețuirea grupului.

Se pare că o parte a conflictului legat de biopolitica iubirii romantice pleacă, precum în multe povești de dragoste, dintr-un deficit de comunicare. Toți vor, de fapt, „o familie tradițională", dar fiecare a înțeles ceva greșit! Cei care doresc o „familie netradițională" n-au înțeles că ceea ce vor ei este, în fapt, o familie chiar „tradițională" și cei care doresc o „familie tradițională" n-au înțeles care este adevăratul concept de familie tradițională, apărută în negura vremii, odată cu specia noastră și cultivată sute de mii de ani.

La finalul acestor gânduri despre iubire, mă-ncearcă un sentiment de uimire stârnit de paradoxul iubirii, care prin firescul ei pare ceva simplu, e parte din structura speciei noastre așa cum este parte și din arhitectura altor specii. Fără doar și poate izvorăște natural din noi, dar, cu toate acestea, este atât de complexă când vine vorba de pus în practică, încât poate părea imposibilă. O mare parte din viața noastră, dacă nu chiar toată, căutăm să învățăm să iubim, exersăm, ne străduim, înflorim și ne mistuim în tot acest travaliu, de parcă uneori toată viața este despre a iubi și a fi iubit. Dacă îndrăznesc să deschid lucarna sufletului meu, să privesc spre orizontul îndepărtat al existenței mele, văd că este ceva dincolo de toate acestea, căutând să iubesc și să fiu iubit, caut de fapt altceva, caut fericirea.

Fericirea pare să fie un element al planului emoțional din noi, însă simt că nu-i numai așa. Ea pleacă din emoțional și deschide câmpia întinsă al celui de-al patrulea spectru din universul ființei noastre, cel existențial.

Despre fericire

Motivele fericirii sunt, în marea lor majoritate, subiective, fiecare cu ale lui – ceva sau cineva care mă fericește pe mine nu poate să-i fericească pe toți oamenii, și bine că-i așa! Pe de altă parte, efectele și manifestările fericirii încep parcă să capete linii general valabile, dacă nu la nivelul unui grup restrâns de oameni, cel puțin la nivelul populațiilor delimitate cultural: râdem, zâmbim, plângem de fericire, cântăm, dansăm, alergăm, ne îmbrățișăm, închidem ochii, contemplăm, ne luăm de mână sau câte și mai câte, fiecare după cum „a fost învățat“ să își exprime fericirea.

Dacă motivele fericirii au nuanțe la nivel de individ, iar manifestările fericirii își găsesc nuanțe mai generale la nivel de populație, un plan al fericirii general valabil, la nivelul speciei umane, îl constituie mecanismele ei, modul în care se fabrică în creierul nostru fericirea. Exceptând gradul de variabilitate, aproape insesizabil, creierele noastre, ale tuturor oamenilor, sunt aproape identice ca structură și funcție, și spun asta referindu-mă, în general, la baza arhitecturii și funcționării lui. Creierul este astfel locul în care fericirea se aprinde, strălucește și se stinge. Structurile creierului și substanțele implicate în zămislirea acestei stări sunt, cu un grad redus de variabilitate, general valabile la toți indivizii speciei noastre.

Plăcerea, o fărâmă de fericire

Din perspectivă psihologică și neurobiologică, fericirea este mai mult decât o emoție, este un sentiment, implică deci proiecția unei emoții pe un subiect exterior. Ca să fie înțeleasă diferența dintre emoție și sentiment, haideți să luăm următorul exemplu: am experimentat, poate, stări de melancolie, o stare care ne invada mintea pentru câteva momente sau ceasuri și care, la fel cum a venit, a și dispărut, fără să-i găsim o cauză. Aceste stări care vin și pleacă le numim emoții. Dacă proiectăm această emoție, melancolia, asupra unui obiect sau subiect, de exemplu dacă ne gândim la o persoană dragă, melancolia se transformă în dor, iar dorul este un sentiment care nu dispare precum emoția, ci se activează mereu, atunci când ne gândim la persoana respectivă. Sentimentele sunt, deci, emoții proiectate care durează mai mult și care se pot reactiva în timp. Fericirea este, prin urmare, un sentiment în care sunt implicate emoții pozitive, plăcute.

De cele mai multe ori însă, diverse afecte complexe, cum sunt iubirea, împlinirea, exaltarea, ne duc spre fericire și astfel fericirea este mai mult decât un sentiment, este o stare a existenței, și aici îmi pare mie că transcende emoționalul ducând în existențial, este un fel de a exista.

Mecanismele neuronale ale plăcerii, care, o să vedem, sunt baza, fundamentul mecanismelor fericirii, își găsesc locul în creier, mai exact în miezul creierului nostru, pe care îl putem numi creier ancestral. Creierul vertebratelor a evoluat de-a lungul timpului, cu fiecare salt evolutiv: de la pești s-a ajuns la broaște și de la acestea, prin reptile, la mamifere, grup din care facem și noi parte. De-a lungul evoluției, creierul nu a pornit mereu de la zero, ci, prin selecție naturală și sexuală, cu fiecare pas, s-au dezvoltat unele regiuni ale creierului în detrimentul altora în așa măsură încât creierul nostru păstrează în structura lui creierele tuturor stadiilor evolutive prin care am trecut. La creierul ancestral s-au mai adăugat anumite structuri și s-au dezvoltat anumite zone și, implicit, funcții, rezultând creierul nostru. Mecanismele plăcerii își găsesc astfel locul în partea ancestrală a creierului nostru, partea moștenită de-a lungul evoluției de la grupe îndepărtate evolutiv de noi, cum sunt peștii.

Pe scurt, plăcerea se naște așa: neuronii care pleacă din aria tegmental ventrală (ATV) (undeva în miezul creierului nostru) descarcă dopamină în regiuni ale creierului ancestral implicate în emoții (nucleul accumbens, amigdală și hipocamp). Dopamina se varsă în jurul neuronilor din regiunile numite mai sus, le activează și astfel simțim plăcerea. Neuronii activați nu pot să înglobeze instantaneu toată cantitatea de dopamină primită de la neuronii din ATV, o parte din dopamină este absorbită de neuronii care au secretat-o, pentru a o recicla și a o folosi într-o următoare experiență a plăcerii.

Dacă surplusul de dopamină nu ar fi reabsorbit de neuronii care l-au secretat, el ar excita mult mai intens și pentru o perioadă mai lungă neuronii cărora le-a fost adresat și plăcerea ar avea o intensitate și o durată mai mare. Asta fac multe dintre drogurile care „stimulează centrii plăcerii“, însă cu un cost enorm, căci, după ce efectul drogului încetează, dopamina din neuroni este consumată total și perioada de regenerare crește cu mult față de normal; creierul nu mai poate răspunde, pentru un timp mai lung sau mai scurt, la alți stimuli ai plăcerii. Încercând să simțim plăcerea și să ne-o producem mai intens, ne afectăm, în fapt, capacitatea naturală de a o simți. Consumul de droguri ce inhibă proteinele care reciclează dopamina reduc capacitatea de a percepe plăcerea ce vine din mâncare, interacțiunea cu prietenii, hobby-uri și sex.

Fericirea din creierul nostru

E lesne să ne dăm seama că fericirea este mai mult decât plăcere și tot mecanismul neurofiziologic al ei, sigur, implică mai multe planuri ale experienței (fizic, emoțional, social) și, implicit, mai multe zone ale creierului.

Din ce știm până acum despre creier și chimia lui, fericirea este o cascadă de reacții care se activează în creierul nostru și care se devălmășește în toate regiunile ce țin de plăcere, emoții și social, atât în regiunile apărute recent în timpul evoluției, cât și în cele ancestrale. Se crede că totul pleacă de la oxitocină, care este secretată de neuroni ce își au originea în hipotalamus, dar e înmagazinată în hipofiză, o glandă mică, aflată în creierul nostru și numită „dirijorul" activității endocrine. Căci ea, hipofiza, coordonează activitatea hormonală a glandelor endocrine din corp.

După cum am mai povestit, oxitocina naște, consolidează, reglează și intensifică relațiile de iubire dintre părinți și copii, dintre cuplurile care au evoluat în relația lor, este implicată în întărirea și întreținerea relațiilor dintre prieteni, membrii familiei extinse, dintre membrii unui trib sau ai unei comunități restrânse, este implicată în relațiile dintre vecini, parteneri de afaceri, dar și în interacțiunea cu entitățile imaginare supranaturale, cum sunt zeii, și chiar în relația cu noi înșine. În fiecare dintre aceste situații, oxitocina activează, direct sau indirect, cu diferite intensități, diverse părți ale creierului nostru, dar, doar în câteva cazuri, simfonia dirijată de ea reflectă în noi acel sentiment pe care-l numim fericire. Evident că situațiile sunt nenumărate și, după cum am spus la început, subiective, fie la nivel individual, fie la nivel de comunitate.

Fericirea e oarbă

Dacă despicăm firul fericirii în patru, îi facem o „tetracapilarotomie", după cum ar spune o prietenă medic, vedem că întreg sentimentul este un tablou de nuanțe, un amestec de emoții și afecte. Când suntem fericiți avem o stare de euforie, de plăcere profundă, pentru că oxitocina, după ce a fost secretată, activează mecanismele plăcerii, le activează puternic și dopamina ne inundă creierul.

În același timp, atât cât suntem fericiți, în efervescența emoției noastre, ne confruntăm cu o stare de liniște interioară, de pace, parcă nimic nu ne mai afectează, toate angoasele dispar, toate fricile se diminuează sau, pentru un moment, par rezolvate, asta datorită faptului că tot oxoticina activează secreția de serotonină, un hormon ce are legătură directă cu sentimentul de fericire, care reduce semnificativ anxietatea, un anxiolitic.

Câtă vreme suntem fericiți, devenim mai puțin critici cu cei din jurul nostru, îi tolerăm sau, mai bine spus, îi „supratolerăm“, ne crește, după cum ar spune psihologii, „toleranța la frustrare“. Sentimentul acesta apare în relația dintre părinte și copil, în relația dintre iubiți și în relația dintre prieteni. Creșterea toleranței este datorată, în principal, oxitocinei care acționează asupra părții ancestrale a creierului nostru răspunzătoare cu agresivitatea, inhibând-o. Tot oxitocina, indirect, activând secreția de dopamină în neuroni ce pleacă din ATV, inhibă activitatea cortexului prefrontal. Cortexul prefrontal este o parte a creierului dezvoltată mai recent în evoluție, arie ce răspunde de gândirea critică, asumarea de riscuri și luarea de decizii. Devenim astfel mai puțin critici la adresa celor din jurul nostru, mai toleranți, mai înțelegători și mai optimiști în modul nostru de a evalua și privi lucrurile. Inhibarea cortexului prefrontal are loc puternic atunci când ne îndrăgostim și, din această cauză, se spune că „dragostea e oarbă“, căci nu conștientizăm anumite însușiri ale partenerului ce pot fi catalogate ca defecte.

„Pilula“ de fericire

Dacă o multitudine de studii au demonstrat că oxitocina este hormonul fericirii, atunci au apărut, evident, și produse farmaceutice care conțin oxitocină. Unul dintre ele se numește, sau s-a numit – pentru că tot apare și dispare de pe piață –, Liquid Trust , e sub formă de spray nazal, costă 40 de dolari și are doze ce îți ajung două luni. Neurobiologul Paul Zak, expert în studiul oxitocinei, a declarat la o emisiune în care a fost chemat să facă reclamă produsului că totul este „o mare înșelătorie“. Argumentul este că oxitocina, ca hormon, se metabolizează în câteva minute și efectul ei dispare imediat după ce a fost inhalată, deci aportul extern de oxitocină este ineficient.

Dacă s-a constatat că nu putem administra fericirea la pilulă, s-a descoperit că o putem lua din îmbrățișări. Din moment ce oxitocina se secretă în timpul interacțiunii sociale, atunci unele studii au demonstrat că un număr de opt îmbrățișări pe zi duce la o secreție de oxitocină care ne dă o stare de bine general și ne scade anxietatea datorită serotoninei, a cărei secreție este activată de oxitocină.

Unul dintre cele mai complexe și de lungă durată studii despre fericire, făcut pe un lot de oameni din America de Nord, timp de peste 70 de ani, a demonstrat că cei care erau implicați în rețele sociale strânse și interacționau relativ des cu familia și prietenii declarau un nivel de fericire ridicat chiar și atunci când erau bolnavi sau în criză de bani și resurse, față de cei care aveau bani, faimă și resurse, dar nu aveau prieteni și apropiați. S-a demonstrat astfel, indirect, că oxitocina este, într-adevăr, hormonul principal implicat în cascada chimică a fericirii, căci este hormonul ce se secretă în timpul interacțiunii sociale și cel care modelează acest tip de interacțiune.

Oxitocina activează circuitul plăcerii și secreția de dopamină, ne face bucuroși, ne creează plăcere, serotonina ne liniștește grijile și fricile, ne dă un soi de pace interioară, iar inhibarea cortexului prefrontal ne face mai buni, mai toleranți și mai optimiști; pe scurt, oxitocina ne face fericiți.

În ce se măsoară fericirea?

Am încercat să abordez noțiunea de fericire folosind resursele mele de biolog și să vorbesc despre ea în termeni de chimie, anatomie și fiziologie. A fost un fel de exercițiu de știință și nu mi s-a părut greu pentru că neurobiologia este una dintre pasiunile mele. Însă simțeam că, pe măsură ce scriu, mă îndepărtez parcă de subiect și aveam impresia că textul n-are legătură cu fericirea. Am realizat că, din punct de vedere științific, concluzia textului – „oxitocina ne face fericiți" – este aproape de adevăr; cu toate acestea, chiar și pentru mine, ca biolog, sună gol și mă frământa gândul că asta nu e tot ce am vrut să spun.

Atunci m-am oprit din scris. Am ieșit pe balcon, m-am uitat la pădurea din fața mea, m-am gândit la fericire și am lăsat să curgă prin fața ochilor minții tot ceea ce am asociat în experiența vieții mele cu fericirea. Mi-au venit în gând chipuri, voci, îmbrățișări, atingeri, miros de cafea, gust de aperol spritz, locuri, pene de gâscă și cântece de greieri. Mi-am amintit secunda în care, după un lung travaliu de dor, ne-am regăsit și parcă ni s-au amestecat trupurile când ne-am îmbrățișat, mi-am mai amintit momentul în care i-am luat pentru prima dată pe nepoții mei în brațe și alte zeci de momente în care starea din ochii prietenilor mei s-a reflectat în mine și ne-am simțit mai apropiați ca oricând Am simțit în nări miros de cafea, poate de la cafeaua din fiecare dimineață, de la-nceputul unei zile noi sau, poate, de la cafeaua pe care o beau cu oamenii din constelația vieții mele.

Unul dintre momentele derulate perfect a fost cel în care, după șase zile în junglă, fără semnal la telefon, eram în mașina ce mă așteptase pe malul Amazonului ca să ajung în

Manaus. Priveam telefonul care se-ncărca și căutam să găsesc semnal. La intrarea într-un sat au apărut primele linii în colțul ecranului, mi-au intrat câteva mesaje și telefonul a început să sune instantaneu, odată conectat la rețea. Țin minte și acum, după un an, cum arăta locul în care am deschis telefonul și am vorbit prima dată cu sora mea, apoi cu mama și, imediat după, cu una dintre prietenele mele care stătea cu itinerariul călătoriei în mână și știa că în ziua aceea trebuia sa ajung în oraș. Eram în mașină și am început să plâng de fericire; mi-a plăcut mult în junglă, a fost cu mult peste așteptări, a fost experiența vieții mele și un vis împlinit, dar, în momentul în care m-am reîntâlnit cu vocile oamenilor pe care îi iubesc, am conștientizat cât de mult înseamnă ei pentru mine, dincolo de visurile, dorințele, realizările și aventurile vieții, și asta m-a fericit.

Știu de ce am simțit că nu pot să surprind esența subiectului când vorbesc despre fericire dacă iau în calcul numai creierul și hormonii: pentru că știința cuantifică, știința măsoară, iar fericirea e ceva ce nu se poate măsura în microlitri de oxitocină, milisecunde de reacție sau milimetri pătrați de cortex, pentru că toți acești parametri nu spun nimic despre ea. Fericirea nu se măsoară și nu se cântărește, e ca viața, se trăiește, fericirea e o formă a existenței.

Continuând să privesc prin lucarna sufletului, în orizontul existenței nu se vede doar fericirea spre care tindem și, vrem sau nu vrem, știm cu toții că ne mai îndreptăm înspre ceva, înspre moarte. În contrapunct cu fericirea, cu exaltarea, împlinirea și iubirea există moartea, pierderea și suferința. Orizontul existenței noastre are în el lumina și întunericul. După prima zi de întâlnire cu lumina junglei, după apusul soarelui, la căderea primei nopți, inundat de întunericul junglei, m-am întâlnit cu întunericul din mine.

Despre moarte

Fiecare, mai mult sau mai puțin, mai conștient sau nu, uneori dramatic, alteori cu masca unui curaj asumat, ne confruntăm cu gândul morții. Pentru mine, cuvintele precum soartă sau destin nu și-au găsit locul în realitatea vieții pe care încerc să o înțeleg, ci doar în metaforele menite să nuanțeze câteodată o discuție sau un text. Cu toate acestea, am realizat că, dacă destinul înseamnă ceva prescris în mod fatal și irevocabil cuiva, în lumea din jurul meu, supusă unui hazard colosal, avem totuși un destin, unul singur: din momentul în care ne naștem, toți suntem destinați să murim. Moartea este unicul și singurul nostru destin.

Mi-am dat seama că ajung spre finalul poveștii și am ocolit ceva, și anume unul dintre motivele pentru care am pornit în călătoria asta. În mintea mea, împlinirea vârstei de 30 de ani era, simbolic, trecerea de la copilărie, sau haideți să îi spunem „tinerețea copilăroasă" la „tinerețea adultă". Din acea zi, deveneam adult. Am înțeles asta de mult, de când am împlinit 26 de ani și, de atunci, din ce în ce mai puternic, mi-a venit în minte gândul morții. Poate pentru că, pe parcursul vieții noastre, de când suntem copii și pe măsură ce creștem ne întâlnim cu realitatea morții. Conștientizăm că se moare, că oamenii mor, că toate mor.

Realizăm, inconștient sau nu, că de cele mai multe ori mor bătrânii, cei care deja au trecut prin viață și că noi, în umbra copilăriei sau a tinereții noastre, suntem oarecum feriți de ea. Inconștient, mă speria gândul maturizării mele, căci mă apropiam de probabilitatea morții. Aveam momente în care travaliul confruntării cu ideea de moarte mă epuiza, până într-o zi când am decis să-mi înfrunt frica, să mă confrunt cu moartea sau măcar să mă apropii de ea cât mai mult. Acesta a fost unul dintre motivele mai puțin conștiente pentru care am hotărât să fac călătoria în jurul lumii și mi-am asumat că voi dormi, nopți la rând, într-un hamac în inima junglei. Mi-am spus că n-are sens să trăiesc toată viața cu groaza morții, așa că m-am decis să merg să o confrunt.

Frica de moarte

Cea mai lungă, conștientă și istovitoare confruntare cu frica de moarte am trăit-o în noaptea în care, după ce s-a stins focul, am încercat să adorm pentru prima dată într-un hamac în mijlocul junglei. La fel cum pot să descriu cu amănuntul gândurile și stările avute atunci, pot, ca și când ar fi fost ieri, să descriu cea mai veche amintire pe care o am legată de frica morții.

Aveam în jur de 11 ani, afară era deja noapte și mă uitam cu sora și părinții mei la televizor. Televizorul abia se făcea auzit în liniștea ce venea parcă din întunericul care umplea curtea când, deodată, s-a auzit de afară un sunet metalic, de parcă o găleată de tablă lovise pământul. Nimeni nu a reacționat timp de câteva zeci de secunde, până în momentul în care ușa s-a deschis năprasnic și bunica mea l-a strigat îngrozită pe tata. A fost momentul în care m-am speriat teribil, am sărit din pat și, când am ajuns în ușa dormitorului, l-am văzut pe bunicul meu sprijinit de tata și mama, întins în patul lui. Era ca mort. Bunica mea plângea și tata era groaznic de speriat.

Bunicul nu murise, făcuse un accident vascular și, după ce și-a revenit din comă și s-a recuperat, s-a întors acasă de la spital și s-a mai ostenit cu viața încă vreo opt ani. A dus-o pe picioare, în putere. Cu toate că nu a murit, de câte ori mă gândesc la moarte, momentul acela îmi învăluie mintea ca un fum de magie neagră. Atunci, în noaptea aia, copil fiind, am conștientizat ceva, că „oamenilor mari", adulților din viața mea, le e frică de moarte; nu în sensul în care se tem de ea, ci mai mult în sensul în care n-au ce să facă în fața ei, sunt neputincioși. O văd pe bunica mea speriată, cum aștepta ca cineva să facă ceva, îl striga pe tata și îl implora pe bunicul să dea un semn, dar nimic...

Îmi amintesc vag câteva discuții legate de moarte din perioada copilăriei mele și nu găsesc astăzi în ele, așa cum cred că nu găseam nici atunci, o frică puternică. Discutam seara cu vecinii de vârsta mea despre moartea altora și despre posibilitatea ca ei să fie strigoi ori să bântuie lumea. Percepția inocentă și lipsită de frică a copiilor pare un fenomen general valabil, căci și Lucian Blaga, în discursul ținut la intrarea sa în Academia Română, amintește despre două momente în care, la vreo șapte ani, povestea cu prietenii de joacă despre moarte, iar când unul a întrebat „Cum o fi când ești mort?", altul a răspuns: „Mort trebuie să fie ca și viu. E așa că nici nu știi că ești mort. Noi, bunăoară, stăm aici în cerc și vorbim, dar poate că suntem morți, numai că nu ne dăm seama".[1] Tot Blaga amintește pe o prietenă de joacă ce se urca în prunii din cimitir și gusta prunele ca să vadă cum au fost morții: dacă pruna era acră, mortul fusese un om rău, iar dacă pruna era dulce, mortul fusese bun.

În copilărie am perceput și eu moartea așa, copilărește, lipsit de frică, până în acea noapte. Cred acum că groaza morții, precum și contemplarea ei apar în momentul în care, în ecuația experienței, se găsește și dragostea. Există o legătură între experiența morții și experiența dragostei. Spun asta pentru că următorul moment al confruntării mele cu moartea a fost când am scris, la 19 ani, o scrisoare de dragoste.

Încercam să explic în rândurile acelea de ce *The Notebook* era filmul meu preferat. Încep prin a descrie drama cuplurilor în care oamenii mor pe rând, în care, din nedreptate, unul trăiește moartea celuilalt. Mi se părea îngrozitor să mori câtă vreme simți o mare iubire. Este sufocant de greu de suportat ideea vinovăției că ai murit și l-ai părăsit pe celălalt, așa cum sufocant de grea ar fi singurătatea cu care urma să se confrunte cel drag, rămas în viață. Erau oarecum două suferințe diferite, asta în cazul în care și cel mort mai putea simți ceva. Povestesc în scrisoare despre cumulul acestor două suferințe din *Romeo și Julieta*, în care fiecare trăiește moartea celuilalt. Julieta vrea să își înscenze moartea fără să știe Romeo și bea o licoare ce o adoarme pentru 24 de ore. Romeo află că Julieta a murit și se sinucide, Julieta se trezește, îl găsește pe Romeo întins pe podea și, la rându-i, se sinucide cu pumnalul iubitului său. Amândoi trăiesc aici extrema suferință a morții celuilalt. În tot acest context, încercam să explic că îmi place *The Notebook* pentru

1. Lucian Blaga, „Elogiul satului românesc" (1937), în *Sinteza*, nr. 30, 2016, p. 16.

că cei doi bătrânei mor amândoi într-un pat de spital îmbrățișați, nici unul nu trăiește moartea celuilalt. Eram așa de marcat pe atunci de film, de parcă singura problemă a iubirii noastre era moartea unuia dintre noi.

Bunicul meu a murit la scurtă vreme după povestea cu scrisoarea, dar moartea lui nu m-a mai îngrozit ca la 11 ani. De șapte ani urmăream relația lui cu gândul morții și părea resemnat, mai ales atunci când vorbea despre moarte și înghițea docil pastilele pe care bunica mea i le dădea ca să-i regleze tensiunea arterială. Ce îmi amintesc iar foarte limpede este că, după ultimul accident vascular, a stat în spital câteva zile, într-un fel de comă, în care respira adânc. Țin minte că făceam cu rândul la căpătâiul patului de spital, iar în noaptea în care am stat cu el, pe când s-a întunecat și lumea din salon se pregătea să doarmă, eu îl priveam tăcut și îi număram respirațiile. Se simțea că nu mai era mult și ultimele clipe, în mintea mea, erau importante. În liniștea salonului, vocea unei paciente îmi sună și acum în cap:

— Dacă vezi că moare și nu mai suflă, să nu-l bruschezi, să nu strigi să-l întorci din drum, că după aia numai o să se chinuie până o să-i vină moartea iar.

Cu toate că aveam deja 19 ani, mesajul ei mi-a smuls pământul de sub picioare și tot ce îmi doream era ca bunicul să nu moară cât sunt acolo. Credeam că dacă l-aș brusca, puteam să-l scap de moarte pentru un scurt timp, cu riscul de a-i lungi suferința. Dacă îl scăpam de moarte, eram un erou sadic; dacă îl lăsam să moară fără să fac nimic și puteam să opresc asta doar scuturându-l un pic, eram un criminal prin ignoranță, dar milos. Dacă bunicul își rărea suflarea, urma să fiu confruntat cu una dintre marile decizii ale vieții mele: să îl bruschez sau să îl las în pace, însă norocul meu a fost că bunicul m-a lăsat liniștit după moartea lui, s-a dus pe drumul acela când eu n-am fost acolo.

Dar ce m-a marcat cel mai tare apoi a fost moartea bunicii. La trei ani după bunicul meu, s-a dus și bunica, s-a împuținat încet-încet până când, într-o zi, primesc un telefon de la mama și aflu că bunica a făcut un accident vascular grav și e internată în spital. M-am dus să o văd în ziua respectivă și am găsit-o la fel ca pe bunicul, respirând parcă din economiile de respirații făcute până atunci. Când am văzut-o, primul gând a fost că dacă moare ea, moare și copilăria mea. Și a murit. Bunica avea în ființa ei copilăria mea, iar atunci, odată cu ea, a murit și o parte din mine.

Ultimul bunic pe care l-am dus la groapă a fost bunicul matern, iar moartea lui m-a marcat puternic, dar diferit de celelalte, pentru că eram deja mare și știu că, în zilele de priveghi, eram resemnat cu dispariția lui, dar frământat de starea mamei, care era obosită, teribil de obosită, și sfâșiată de durere. M-am gândit la ce simte și mi-am dat seama că nu pot să-mi imaginez. Acela a fost un alt moment în care m-am îngrozit de moarte. E teribil de greu să-ți închipui pierderea unui părinte, asta pentru că există o legătură ciudată între moarte și iubire, iar părinții sunt prima formă de iubire pe care o experimentăm. Ei sunt primii care ne arată și ne învață să iubim și, poate, din cauza asta, confruntarea cu moartea lor pare imposibil de conceput. Acolo, în hamac, în prima noapte în junglă, mi-am amintit toate astea, și multe altele.

Biologia morții

Fenomenul morții este, poate, cel mai exploatat din perspectivă mistică și mitică (am folosit ambii termeni, însă nu cred că există vreo diferență de substanță între ei), spațiul exprimării culturale a omului fiind impregnat puternic de acest concept, de la filozofia morții la metafora morții din artele plastice și literatură. Fiecare, după puterile și istoria ei, tratează moartea din diverse perspective și în diferite feluri. Există astfel un mozaic al percepției și interpretării morții, ce variază în timp, în cadrul aceleiași culturi sau în diferite culturi.

Dintre toate planurile manifestării speciei umane, dintre toate domeniile generate de istoria devenirii noastre, un plan general valabil în toate culturile, argumentat și testat la nivel global, am putea spune că este cel științific. Dacă trecem moartea prin filtrul minții unui biolog, ale cărui repere se bazează pe observații și experimente științifice desfășurate într-un cadru istoric și obiectiv, moartea este definită ca: încetarea funcțiilor neurologice (dispariția stării conștiente, dispariția conștiinței), a tuturor funcțiilor vitale, încetarea treptată a metabolismului și descompunerea organismului. Este oarecum ideea lui Roberto despre moarte: „când ești mort, ești mort, adică gata, nu mai exiști".

În momentul morții noastre, noi nu mai suntem conștienți de nimic, nu mai percepem lumea, pentru că funcțiile creierului nostru încetează, însă, pentru o perioadă mai lungă sau mai scurtă de timp, mai existăm ca formă în corpul nostru, care și el începe să se descompună.

În lungile zboruri spre L.A. sau Beijing, ca să depășesc tensiunea primei nopți, cu atacul ei de panică, am încercat să-mi imaginez ce s-ar fi întâmplat cu mine dacă muream atunci, în acea noapte, înțepat de un păianjen sau mușcat de un șarpe.

Să presupunem că m-ar fi mușcat un șarpe foarte veninos: în câteva minute veninul își face efectul și creierul meu încetează să mai funcționeze, îmi pierd încet starea conștientă, fiecare simț îmi dispare treptat, printre ultimele stingându-se auzul; cel mai probabil, ultima senzație pe care aș fi avut-o ar fi fost un sunet. Din acel moment, corpul meu ar fi început să se răcească, în prima jumătate de oră, mai încet, apoi din ce în ce mai tare, până când temperatura corpului meu ar fi ajuns la temperatura pământului pe care eram căzut. Dacă în momentul prăbușirii la pământ mușchii sunt relaxați și întreg corpul îmi este moale, după câteva ore se instalează *rigor mortis*, când mușchii devin rigizi și încheieturile imobile. Prima dată vor înțepeni mușchii mai mici (cum sunt mușchii pleoapelor, ai feței) și, încet-încet, restul mușchilor. Tot acest proces poate să dureze până la opt ore, din pricina temperaturii ridicate de afară.

După aproximativ 36 de ore, din cauza proteinelor care încep să se descompună, starea de rigiditate a mușchilor se diminuează și apare așa-numita „flaciditate musculară secundară“, când mușchii devin tot mai moi. La o jumătate de oră după moarte, lobii urechii, unghiile, buzele sau vârful degetelor se învinețesc din pricina faptului că, în acele regiuni, sângele este mai apropiat de piele. Culoarea vineție este datorată faptului că sângele venos se amestecă cu cel arterial, iar moleculele de oxigen se desprind de hemoglobină. Acest proces de învinețire se numește „lividitate post-mortem“ și se desfășoară pe o perioadă de zece ore, timp în care tot mai multe părți din corp se învinețesc. Sângele devine astfel albăstrui și, pentru mulți dintre noi care ne-am fi dorit să avem „sânge albastru“, se împlinește acest lucru, ca o ultimă dorință.

Imediat după moarte, bacteriile din intestin se înmulțesc și se răspândesc în tot corpul. Multe dintre ele au metabolism anaerob, adică nu au nevoie de oxigen, și astfel vor consuma proteinele din corp, eliminând compuși ai sulfului (hidrogen sulfurat) și ai azotului (amoniac și amine). Printre amine se numără cadaverina și putresceina, care vor da mirosul de cadavru. După aproximativ 35 de ore de la moarte, sulful, rezultat în urma descompunerii proteinelor, pentru că este vecin cu oxigenul în tabelul periodic, se va lega de hemoglobina din sânge și sângele vinețiu va căpăta culoarea verde.

Din acest moment, corpul se descompune din ce în ce mai mult, iar după două zile, pielea se desprinde de corp la cea mai mică atingere, creierul se lichefiază, organele interne devin din ce în ce mai vineții și inflamate, metabolizate de bacterii. După o săptămână, dacă nu mai repede, corpul începe să fie consumat de larvele insectelor și, în scurt timp, vor rămâne din mine numai oasele. Dacă eram într-un mediu uscat, după o săptămână începea fermentația buturică ce usca tegumentul și țesuturile rămase și începeam să semăn cu o mumie sau, mai aproape de cultura noastră, cu un pachet de moaște, lucru care, din fericire, nu avea să se-ntâmple în umezeala pădurii.

Acesta era scenariul prin care treceam după moarte, dacă Roberto nu ar fi dus cadavrul meu într-un sat sau dacă nu mă descoperea vreun animal mai mare care să mă consume mai repede decât larvele de insecte. Din punct de vedere științific, asta s-ar fi întâmplat cu mine dacă aș fi murit în junglă. Dar ce spune oare știința despre momentul efectiv al morții, despre întâlnirea cu moartea, despre confruntarea cu acea secundă, acea piatră de hotar dintre „a fi“ și „a nu mai fi“? Neurobiologii, filozofii conștiinței și majoritatea celor preocupați de studiul creierului și al conștiinței spun că arhitectura creierului și funcționarea lui în ceea ce privește percepția realității au la bază un principiu al comparației. Prezentul nu există independent în percepția noastră, ci îl conștientizăm mereu în comparație cu un moment trecut. Totul se întâmplă atât de repede în inconștientul și conștientul nostru, încât nu percepem aceste mecanisme. Pe scurt, funcționăm cam așa: momentul *A*, pe care noi îl credem prezent, îl percepem în momentul imediat următor lui, în momentul *B*, dar comparând starea care s-a schimbat față de momentul dinaintea momentului *A*, să-i spunem momentul *T*. Astfel, prezentul nostru conștient este mereu un trecut, analizat în comparație cu un trecut și mai îndepărtat. În timpul în care noi percepem momentul *A* ca prezent, suntem deja în *B*. Prin urmare, din perspectiva teoriei conștiinței, o să fim incapabili să percepem momentul morții deoarece, pentru a-l conștientiza, trebuie să existe un moment de conștiență următor lui, pentru a putea percepe momentul morții în comparație cu momentul dinaintea lui.

Noi nu o să ne trăim momentul morții, nu o să-l conștientizăm, ci doar momentele dinaintea acestuia, momentele ultime ale vieții, dar niciodată momentul morții noastre. Din această perspectivă, n-are rost să ne fie frică de moarte, pentru că nu o să o simțim, nu o să ne confruntăm cu ea conștient, iar după ce se instalează în corp, conștientul nostru este dispărut și nimic nu ne mai afectează, suntem exact așa cum eram înainte să ne zămislim, nu existăm.

Evident că nu sunt singurul care trăiește angoasa morții, căci, de-a lungul timpului, prin fiecare om și prin toți laolaltă, frica de moarte și-a făcut simțit fiorul. Din câte se știe, nu numai oamenii speciei noastre au reacționat la conștientizarea morții, ci și oamenii de Neanderthal, întrucât și ei aveau ritualuri funerare, îngropându-și morții cu tot felul de plante magice în jur. Dacă tragem de firul vremii, prin țesătura existenței noastre ca specie, vom găsi tot soiul de credințe, ideologii și curente filozofice, care încearcă să exploreze sau chiar să rezolve fricile noastre de moarte.

Stoicismul, despre care am mai vorbit, vede întreg Universul ca un mecanism în care materia circulă și se transformă. Noi, fiecare în parte, suntem doar o formă temporară de organizare a ei, iar după moarte ne reintegrăm în ciclul materiei și ne organizăm în alte forme. Epictet spune: „[Moartea] nu este decât transformarea stărilor anterioare în altele, nu este nici o distrugere, ci o alcătuire și o dispunere bine întocmite. [...] Prin moarte, [...] nu treci de la ființa actuală la neființă, ci la neființa ființei actuale. Nu vei mai fi ceea ce ești, ci altceva, de care lumea va avea atunci nevoie".[1] Iar Marcus Aurelius ne domolește frica de trecere în inexistență astfel: „Ceea ce e mort nu cade în afara lumii. Dacă rămâne aici, aici se transformă și se descompune în propriile sale componente, care sunt elementele lumii și ale tale. Și acestea se transformă apoi și nu murmură".[2]

Potrivit stoicilor, acest fel de a accepta moartea aduce în prim-planul existenței umane două idei care se vor prin-

1. Les Stoïciens, *op. cit.*, p. 1030 (tr. mea).
2. Marcus Aurelius, *op. cit.*, p. 114.

cipii de viață și care se desprind direct din modul în care ei vedeau moartea: trăiește în prezent, căci timpul nu poate fi dat înapoi, iar dincolo de moarte nu există nimic! Nu te atașa, căci nimeni nu-i etern pe acest pământ, iar un atașament prea puternic ar putea să îți înnegureze viața la pierderea celui drag, atâta timp cât cei ce mor sunt pierduți pentru totdeauna. Iată și cuvintele lui Marcus Aurelius: „Pentru fiecare dintre evenimentele prezente întreabă-te ce este insuportabil și de neîndurat în situația actuală. [...] Amintește-ți apoi că nici viitorul și nici trecutul nu te copleșesc, ci întotdeauna numai prezentul; și că acesta se reduce, numai să îl delimitezi și să îți convingi intelectul de greșeala sa, dacă nu reușește să-l înfrunte așa simplificat".[1] Iar Epictet spune: „Când îți săruți copilul, fratele sau prietenul, amintește-ți că iubești un muritor. Ți-a fost dăruit pentru moment, iar nu pentru totdeauna și nici fără a-ți putea fi luat".[2]

Totuși, stoicismul nu rezolvă „pe placul oamenilor" problema morții. Mai mult decât atât, evidențiază ideea „vieții trăite în prezent", care pentru mulți este istovitoare și propune un exercițiu al lipsei de atașament, uneori greu de experimentat de noi toți, care suntem, în fundamentul nostru, ființe sociale. În acest context, în secolul al II-lea, apare creștinismul, care va dăinui de atunci încolo, până astăzi. Creștinismul ne îmbie cu ideea nemuririi, ne îngăduie și chiar ne îndeamnă să ne atașăm de oameni și să nu uităm de dragostea nesfârșită a lui Dumnezeu și, dincolo de toate, ne promite o viață fără sfârșit în grădina Edenului.

---

1. *Ibidem*, p. 119.
2. Les Stoïciens, *op. cit.*, pp. 84–85.

Începând cu secolul al XVII-lea, descoperirile științifice ne fac să vedem un pic mai departe de noi înșine și de fricile noastre și, astfel, umanismul pune capăt, pe anumite planuri, influenței creștinismului. Dumnezeu dispare din peisaj și omul devine astfel centrul universului, iar frica de moarte își face iar simțită prezența, context care naște așa-numitele religii ale mântuirii terestre, care susțineau că nemurirea omului stă în lupta pentru grupul din care face parte, pentru o idee sau o valoare socială ori în sacrificiul unei mari descoperiri sau realizări științifice, un soi de martiraj pe altarul științei.

Curentul durează mai bine de două secole și este combătut de unul dintre cei mai marcanți filozofi, Friedrich Nietzsche, care, în secolul al XIX-lea, vine cu ideea de „nihilism". Nihilismul îndeamnă la acceptarea prezentului și la „trăirea" în realitate. Umanismul, din perspectiva lui Nietzsche, nu face decât să nege realitatea în numele idealului. Creatorul nihilismului spune că umanismul nu-i decât o religie, dar sub altă formă, și că orice ideal, explicit religios sau nu, orice idee filozofică sau politică, de stânga sau de dreapta, conservatoare sau progresistă, spirituală sau materialistă, are la baza ei un fundament teologic, pentru că imaginează o lume de dincolo mai bună ca aceasta de aici și acum. Toate aceste curente și ideologii sunt fondate pe „intenții rele", pentru că judecă realitatea în numele altei realități mai bune, în loc să o asume și să o accepte.

Filozofia lui Nietzsche acceptă moartea ca trecere în inexistență și, asemenea stoicismului, pune accentul pe trăirea în prezent. Nietzsche formulează ideea „eternei reîntoarceri". Este, dacă vreți, algoritmul după care el evaluează calitatea vieții și principiul după care ea ar trebui ghidată. Spune că, atunci când nu știm dacă facem „bine" ceea ce facem, trebuie să ne imaginăm că viața noastră s-ar repeta la nesfârșit și că asta ne-ar face să retrăim mereu acel moment. Dacă, imaginându-ne asta, ne simțim confortabil și fericiți, atunci să continuăm ceea ce facem, iar dacă ne trezim speriați în fața unei asemenea sorți, să ne oprim și să schimbăm ceva.

Prin Nietzsche, filozofia a căutat să înțeleagă moartea din perspectiva vieții și viața din perspectiva morții. Heidegger, în schimb, integrează viața în moarte și moartea în viață, iar făcându-le elemente ale ființei, el surprinde două stări: starea de uitare a ființei și starea de asumare a ființei. Ca să exemplifice aceste două concepte, el spune că moartea este singura care face posibilă viața autentică – viața unei ființe asumate – care trăiește din mirare, nu în funcție de cum sunt lucrurile, ci de faptul că sunt.

În prima dimineață din junglă, l-am înțeles pe Heidegger când, trezindu-mă după noaptea întunecată în care fusesem convins că o să mor, au urmat zilele în care pășeam prin pădure fascinat de faptul că existăm atât eu, cât și toate celelalte, indiferent de cum suntem și eu, și ele.

Când m-am trezit dimineața, după prima noapte – o noapte teribilă –, am văzut totul în alb-negru preț de câteva secunde. M-a urmărit o vreme starea bizară de atunci și am încercat să-mi explic trăirea. Pe plan biologic lucrurile erau clare, sau cel puțin așa cred eu. În retina noastră avem celule cu conuri și cu bastonașe, ele ne ajută să vedem. Celulele cu conuri sunt implicate în vederea cromatică, cu ele percepem culorile. Pentru a funcționa acestea au nevoie de multă lumină. Celulele cu bastonașe ne ajută să vedem lumea în întuneric sau când este lumină mai slabă, cu ele însă nu putem vedea culorile, ci doar contururile și nuanțe de alb, negru și gri. Poate prin fanta ochilor abia deschiși, în crepusculul dimineții, sub coronamentul dens al junglei lumina nu a ajuns atât de bine și la celulele cu conuri și s-au activat prima dată doar celulele cu bastonașe, și am văzut lumea în alb-negru. Dincolo de explicația biologică, am găsit o explicație metaforică, una existențială, ajutat evident de Heidegger. După confruntarea cu apropierea morții, când am deschis ochii, nu mai conta cum era lumea, ce culori și nuanțe are, ci pentru mine important era că lumea există. Proximitatea morții din acea noapte m-a făcut să conștientizez existența și să mă bucur, în primul rând, de faptul că exist și să treacă în planul secund modul în care exist, căci acolo, în umbra morții, am înțeles cum inexistența poate fi mai cruntă decât orice formă de existență.

Am conștientizat atunci valoarea existenței în fundamentul ei și, dincolo de toate, existența reală a morții și iminența ei. În toată groaza conștientizării acestor lucruri, am putut, autentic și intens, să mă bucur de faptul că sunt viu. Frica conștientizării și a iminenței morții nu a reușit să-mi ia plăcerea vieții, ci, din contră, mi-a împlinit-o și mai mult. Dincolo de ceața neliniștii, suferinței, fricii ori groazei, moartea pare că are semnificația ei bună, favorabilă în ecuația vieții, nu doar a vieții în cadranele existenței unui individ, ci a vieții la nivel universal.

Darwin și definiția morții

Darwin a fost fascinat toată viața lui de diversitatea lumii vii, de vastitatea formelor, culorilor și felurilor pe care viața le-a îmbrăcat pe planeta noastră. Întrebarea lui fundamentală a fost: „Cum și de ce s-a ajuns la existența unei asemenea diversități?“ Răspunsul pe care l-a dat atunci este, poate, unul dintre cele mai revelatoare și aproape de adevăr din istoria omenirii: „Prin selecție naturală, în lupta lor pentru supraviețuire, organismele vii evoluează, se modifică și diversifică".

Dacă analizăm această idee genială din perspectiva conceptului de moarte, rezultă următorul scenariu: viața a apărut la început (nu știm încă sigur dacă aici pe Pământ sau undeva în afara lui, în Univers) în forme rudimentare, simple, microscopice. Acestea s-au înmulțit și au evoluat, s-au diversificat, devenind din ce în ce mai adaptate mediului. Adaptarea la mediul de viață reprezintă capacitatea unui organism de a avea șanse tot mai mari să supraviețuiască și să se reproducă. Șansa de supraviețuire a unui organism este dată de distanța pe care acesta o ia în raport cu posibilitatea morții.

Organismele mai adaptate se află la o distanță mai mare de „moarte" în comparație cu cele mai puțin adaptate. Evident că organismele primare nu au conștientizat moartea, dar, teoretic, analizând lucrurile, erau, în funcție de gradul lor de adaptare, mai aproape sau mai departe de ea. Pe cele mai puțin adaptate le-a eliminat selecția naturală, lăsându-le să supraviețuiască doar pe cele adaptate. În această dinamică, organismele mai adaptate au supraviețuit, s-au reprodus și au devenit majoritare celor mai puțin adaptate.

Cea care intervine este selecția naturală. Cum acționează ea? Elimină organismele din mediu! Adică le face să dispară prin moarte. În acest context, selecția naturală este moartea. Moartea este cea care a dus la diversitatea lumii vii. În evoluția lor, prin adaptare, organismele s-au depărtat tot mai mult de moarte, ajungând astăzi la o asemenea diversitate de forme și culori și la o așa complexitate de structuri. Moartea este deci selecția naturală, este cea care a contribuit esențial la diversitatea și complexitatea formelor de viață! Ce paradox!

Dacă ne permitem un scenariu de genul „ce-ar fi fost dacă“, poate într-o lume fără moarte și fără selecție naturală, primele forme de viață nu ar fi evoluat prea mult și noi, ca mai toate celelalte viețăți, n-am fi existat astăzi.

Acum 65 de milioane de ani, un asteroid uriaș a lovit Pământul și a provocat schimbări enorme în dinamica Terrei, iar în urma acestor schimbări majoritatea dinozaurilor au dispărut, au murit și au eliberat pământul unor creaturi mici, de mărimea șobolanilor, care, până atunci, trăiau ascunse în galerii și își făceau curaj să iasă afară doar noaptea – mamiferele. Datorită acestei șanse mamiferele au evoluat, s-au diversificat și așa am apărut noi și celelalte rude ale noastre din grupul vast al mamiferelor. Moartea dinozaurilor a fost una dintre cauzele apariției noastre, așa cum se întâmplă la fiecare pas în epopeea evoluției vieții pe pământ.

Moartea este acel ceva ce, dincolo de metaforă, de psihanaliză ori experiență subiectivă, la nivel universal, științific, dă diversitate, complexitate, frumusețe și semnificație vieții. Până la urmă, nu cred că viața este ceva separat de moarte. Viața și moartea împreună constituie „ceva“, și anume existența. Existența este un paradox format din viață și moarte, o dinamică a acestor două concepte. În ziua în care am făcut 30 de ani, în mijlocul junglei, m-am întrebat: acum am trăit mai mult sau am murit mai mult? Căci, cu fiecare zi, ne apropiem mai mult de moarte, dar, în același timp, am trăit mai mult cu încă o zi.

Moartea este deci un element care dă calitate vieții; la nivel biologic i-a dat complexitate și diversitate, la nivel cultural a dus la apariția religiei și filozofiei (Montaigne, urmându-l pe Platon, spune că a filozofa înseamnă a învăța să murim), emoțional ne-a cufundat în întunericul stărilor noastre ca să ne mobilizeze să ne trăim viața, viață pe care în tot acest complex eşafodaj am ajuns datorită morții să o abordăm existențial. Dar ce-i viața până la urmă?

Viața e o poezie

Ne place să credem că toate lucrurile au un scop, un sens, un motiv pentru care se-ntâmplă sau o cale spre care noi trebuie să le îndreptăm. Așa-i și cu viața – trebuie să aibă un scop, sau poate că nu *trebuie*, ci e *mai confortabil* să o trăim dacă are un scop, un sens. Mulți dintre noi îi căutăm sensul, iar dacă nu-l găsim, încercăm să-i dăm unul. În alte cazuri, pentru mulți alții, tragedia e că altcineva le dictează sensul vieții și asta nu-i cu nimic diferit de o crimă.

Ca viața să aibă un rost, trebuie ca povestea unei vieți să fie asemenea unui roman sau unui film, cu un final fericit sau nu. Viața cu sens se vrea un roman care are în el intriga, acțiunea și deznodământul, iar personajul ei principal e fericit dacă și-a îndeplinit rostul și nefericit dacă l-a ratat. Tot romanul sau filmul se poate prezenta într-un rezumat, care surprinde momentele și personajele principale. Așa se pare că încercăm să facem și din viață, când, la înmormântări, cineva citește, pentru câteva minute, rezumatul vieții care tocmai s-a terminat. Locul nașterii, date legate de carieră și locul de muncă, câteva nume ale persoanelor cu care oficial a format un cuplu și numele copiilor pe care i-a adus pe lume, plus încă două, trei propoziții cu câteva cuvinte-cheie din câmpul semantic al iertării.

Acest ultim episod din existența unui om în lume mi se pare cel mai cumplit, momentul în care cineva, într-un rezumat de o pagină, schițează traseul și rostul vieții tale. La vârsta asta, din experiența pe care o am până acum, eu cred că viața nu are un sens, un rost, ea este și atât. Lectura unor „rezumate" la înmormântări îmi pare că seamănă cu ce făcea Socrate acum aproape 2.500 de ani în disputa lui cu sofiștii.

Sofiștii erau maeștri ai retoricii, ai discursului, iar în acea vreme, folosindu-se de frumusețea limbajului și de arta exprimării, trezeau interesul celor din cetate cu prelegerile lor. Se concentrau mai mult pe arhitectura și arta discursului și mai puțin pe a avea o idee centrală, o informație brută în spatele expunerii. Socrate, o fire mai practică, juca de multe ori rolul celui care întârzia la acest discurs și, ajungând spre final, îl ruga pe cel ce vorbea să facă un scurt rezumat al celor spuse. Majoritatea îl priveau cu indignare, dar cei care îi picau în plasă și începeau să rezume ceea ce povestiseră până atunci conștientizau că tocmai au dezgolit povestea de frumusețe și că, în felul acesta, și-a pierdut autenticitatea și, evident, valoarea pe care o avea în ochii celor care o ascultaseră de la bun început. Prin asta, Socrate, la fel ca și societatea bazată pe „concret", exclude, în căutarea adevărului, estetica și sensibilitatea, folosindu-se doar de rațiune, cuantificabil și exactitate.

Viața e făcută din momente care, dincolo de motivul pentru care se-ntâmplă, nu au un rost, dar noi putem să le dăm ceva mai mult decât un rost, stă în puterea noastră să le găsim o semnificație. Rostul e diferit de semnificație, rostul ascunde în el un final, un obiectiv, localizat în timp și spațiu; semnificația ascunde în ea un simbol care rupe momentul de timp și spațiu și îl suspendă în absolut. Văd viața ca un șir lung de momente, o mulțime de fărâme de nisip. Când îi dăm semnificație unui moment, învelim acel grăunte de nisip în sidef, îl transformăm într-o perlă și, astfel, șirul lung al fărâmelor de nisip al vieții noastre capătă din loc în loc câte o perlă. Cu cât învelim mai multe grăunțe în semnificație, cu atât apar mai multe perle, iar viața noastră ajunge astfel un șirag de perle fără sens, căci frumusețea ei nu e dată de sensul pe care îl are șiragul, ci de mulțimea și diversitatea perlelor, a momentelor care s-au rupt de timp și spațiu și care acum există.

În această logică a existenței viața nu este un roman, ci o poezie. Majoritatea poeziilor nu pot fi rezumate, ele există în totalitatea lor, cuvintele care le alcătuiesc nu au un singur sens, un înțeles precis, ci formează metafore ce ascund semnificații pe care fiecare om le percepe diferit. Odată creată, o poezie se rupe de timp și spațiu, se suspendă în existența ei. Va exista mereu și nu se poate compara și evalua în raport cu altă poezie, e o creație artistică, nu o descoperire științifică ce poate fi infirmată sau confirmată. Fiecare poezie e unică, așa cum e și fiecare viață. Poezia nu se povestește cu lux de amănunte, căci își pierde esența ei primă – iată argumentul pentru care disprețuiesc „rezumatul vieții" unui om.

Experiența mea din această călătorie este asemenea vieții în sine – oricât încerc să o povestesc sau să-i fac un rezumat, nu va putea fi înțeleasă și percepută în adevărata ei existență și manifestare nici de mine și nici de cei din jurul meu. Oricât de tare mă străduiesc să o exprim, într-un final se va vedea doar ultimul strat de sidef al unei perle care a învelit un grăunte de nisip cu sute de straturi de semnificație.

Fiecare gând dintre copertele acestei cărți nu-i decât un proiect de consacrare a semnificației momentelor din experiența mea. Ca să rupi un moment din timp, trebuie să contracți timpul în el, astfel că, probabil, de aceea am legat momentele experienței mele cu momentele experienței omenirii. M-am străduit în același timp să pun momentul în relație cu alte câteva din istoria vieții mele, dându-le astfel semnificație și lor. Ca să-l scot din spațiu, i-am întocmit un sens universal, analizându-l din câteva orizonturi prin care lumea de astăzi se descoperă pe ea însăși.

Pe măsură ce am scris, mi-am dat seama că acest demers este, dincolo de toate, și un exercițiu de instituire cu semnificație a unui moment din viața mea, exercițiu care mă va ajuta să dau semnificație celorlalte momente ce vor veni, ca, în final, să simt că am trăit cât mai mult din viața asta fără sens, dar plină de semnificație.

Poate că lipsa de sens a vieții ne sperie, dar încărcătura de semnificație a momentelor ar trebui să ne liniștească și să ne satisfacă pe deplin. Algoritmul acesta ne dă șansa să greșim și să nu considerăm greșeala fatală, căci, dacă ai ratat semnificația unui moment, mai ai o șansă sau chiar alte câteva mii sau milioane din mulțimea fărâmelor de nisip ce ne umplu clepsidra vieții, dar dacă ai ratat „sensul" vieții tale, ai ratat tot și „totul" acela ratat ești tu. Deci teoria sensului vieții mi se pare imposibilă, terorizantă, fatalistă și criminală.

Călătoria mea n-a avut un sens, deci nu avea cum să fie ratată sau împlinită, dar a existat și există încă în mine, prin momentele ei pline de semnificație, așa cum e și viața mea, care n-are un sens, deci n-are cum să fie ratată sau împlinită, ci este înșiruirea momentelor pe care mă străduiesc să le simt ca să le învălui cu semnificație, adică să le trăiesc. Iar a trăi cred că este un dans al întâlnirii continue dintre viață și moarte.

A trăi – dansul vieții cu moartea

Am ajuns să cred, după aproape un an de la finalul călătoriei, că viața este un șir de cicluri – de despărțiri, întâlniri și asumări. Ne naștem; fiecare în parte se naște ca un *eu*. Pe măsură ce creștem și experimentăm viața, începem să ne descoperim, să ne construim, să ne cunoaștem și să ne acomodăm cu noi, cu eul nostru. Ajungem astfel în momente în care privim în oglindă sau după cortina ochilor și dintr-odată găsim un alt chip, o altă chimie, diferită de cea de ieri. Pe măsură ce trece timpul suntem tot mai străini de cel care credem la început că suntem – creștem, ne maturizăm, îmbătrânim.

Situațiile în care conștientizăm asta sunt momente în care, vrem sau nu, trebuie să ne despărțim de noi, de eul cel de ieri și, cu experiența de până atunci, să ne asumăm „noul eu". La o privire amplă, momentele în care ne despărțim de un eu ca să ne întâlnim cu celălalt coincid cu momentele în care bate gongul conștiinței noastre. Pentru mine, până acum, astfel de momente au fost când am împlinit 17 ani și când am împlinit 30. La o privire de detaliu, renunțăm de fapt la noi, dacă nu în fiecare zi, cel puțin cu fiecare experiență marcantă a vieții noastre. De cele mai multe ori e greu, e foarte greu să renunți la tine, să te întâlnești cu noul tu, să-l construiești și explorezi și, pe când te acomodezi cu el, să trebuiască să vă despărțiți.

Tot acest șir de despărțiri, întâlniri și asumări se termină cu o ultimă despărțire, cea în care nu mai primim un nou eu în schimbul celui vechi. Atunci e momentul în care se termină pactul nostru cu viața, ea ne ia tot fără să ne mai dea nimic. Privind lucrurile metaforic, într-o contabilitate a destinului, momentul nu nedreptățește pe nimeni, căci ni se ia ultimul eu în contul primului, cel care ni s-a dat la zămislire, fără ca atunci noi să fi avut de dat ceva, trecutul nostru oricum nu exista. Momentul morții este, pentru noi, momentul întoarcerii în punctul dinaintea zămislirii, în inexistență.

Pe cât de tragică pare ecuația, este pe atât de plină de sens, căci, având conștiința acestei ultime despărțiri, înțelegem sau dăm valoare nemăsurată fiecărei întâlniri. Realizăm unicitatea privilegiului de a putea explora lumea și eul cu care ne întâlnim, pentru că știm că nu o să mai fie multe sau poate că ar putea fi chiar ultimul. Suntem în acest fel motivați să trăim fiecare clipă, cu fiecare om, fiecare gând, în fiecare ungher al ființei noastre, pe fiecare bucată de lume, din fiecare etapă a vieții.

Dacă am primi mereu zile la schimb, euri la infinit, n-am da pe ele nici măcar o miime din cât dăm acum pe-o zi și, statistic, n-am ști să apreciem veșnicia așa cum apreciem viața. Cred că moartea este cea care ne face să apreciem viața și că, într-o lume fără moarte, veșnicia n-ar fi deloc apreciată. Cred că până și acest concept imaginar al veșniciei a prins formă și valoare datorită lumii confruntate cu realitatea morții. Într-o lume fără conceptul de moarte, veșnicia trăită ar conta pentru noi mai puțin decât contează viața în contextul finitudinii ei. Sau poate că nu-i așa! Poate că am putea trăi veșnic și ne-am putea bucura de fiecare moment. Dar, dacă am putea să simțim, să conștientizăm și să înțelegem fiecare fragment de veșnicie, de ce, de cele mai multe ori, ne e greu să facem asta într-o frântură de timp, cât este viața noastră?

Și uite cum am găsit, de fapt, întrebarea ce se ascundea în spatele tuturor întrebărilor cu care am început sau m-am întâlnit în călătoria mea în jurul lumii: Cum pot să simt, să înțeleg și să conștientizez fiecare secundă din călătoria căreia îi spun viață?

Acum sunt sigur că, dacă în fiecare moment pe care îl trăiesc, aș ști *să simt* ca cel mai fervent dintre hedoniști, *să conștientizez* ca cel mai profund dintre hermeneuți și *să înțeleg* ca cel mai luminat dintre înțelepți, mi-ar ajunge o viață cât o veșnicie.

7 august 2016

Un gând la final de poveste

Am călătorit în jurul lumii, adică în jurul nostru, căci noi, cu toate câte sunt, suntem Lumea. Ajuns acasă, știu în sinea mea că lumea nu mai este cum era, ci deja s-a schimbat, așa cum și eu m-am schimbat, chiar dacă, paradoxal, și eu, și Lumea ne-am păstrat esența.

Am început călătoria învățând cum se mănâncă un fruct exotic, v-am povestit că înainte să muști trebuie să-l cântărești în mână, să-l privești cu băgare de seamă și să-l miroși ca un îndrăgostit, imaginându-ți ce gust ar putea avea. Am terminat călătoria descoperind că viața este ca un fruct exotic și că există patru căi prin care o putem cunoaște, folosind cele patru spectre ale ființei noastre, ce se amestecă în noi ca într-un tablou sfumato: cel biologic, cultural, emoțional și existențial. Am priceput că dacă vreau să mă bucur de experiența vieții trebuie să-mi antrenez aceste simțuri.

Recunosc însă că după tot acest periplu nu am ajuns să pătrund cu mintea și să înțeleg – așa cum mi-am dorit când am plănuit toată experiența și cum am crezut că o să se întâmple – care este limita clară dintre bine și rău, frumos și urât, adevăr și fals, și am în continuare bănuiala că hotarele acestea de distincție nu există clar și nu pot fi trasate irevocabil și universal. Este însă ceva ce am ajuns să cunosc și știu acum sigur că în fiecare amănunt al ei lumea este cu totul și cu totul fascinantă și e incredibil că am privilegiul să fiu parte din ea, împreună cu tine.

Mulțumiri

Mulţumesc doamnei Corina Roşioru şi Biancăi Moldovan pentru îmbunătăţirile şi corecturile aduse manuscrisului; Irinei Filipescu, lui Dan Boldea, lui Lucian Rusu şi mamei mele, pentru toată însufleţirea pe care mi-o dau cu grija, sprijinul, înţelepciunea şi dragostea lor.